家风的力量——新儒商家风（中册）

目 录

第一章　家风无痕 浸润无声

梁伯强口述，晋利撰稿

梁伯强，香港聚龙集团董事长，中山聚龙精工制品有限公司董事长，非常小器·指甲钳创始人，起草、制定“中国指甲钳行业新标准”的核心人物。2003年中国十大新锐创业人物，2004年“中华十大财智人物”特别奖获得者，2006年广东十大经济风云人物“营销创意”获奖者，2007年中国十大成长型CEO之一，畅销书《非常小器的魔法词典》作者，中国“隐形冠军”形象代言人。现任井田商学院教授、商业模式研修班主任导师，“师兄在线”首席顾问，北京师范大学国际特许经营学院职业生涯导师。

我是梁伯强，我理解的家风就是家庭的一种文化、一种氛围，这种文化无须刻意强调，却潜移默化、润物无声地感染着每个家庭成员。

我的家风文化是长辈父母身教重于言传，他们勤劳本分、宽厚仁爱，他们遇事不责备，犯错不打骂，他们用委屈自己、成全他人的方式感动、感召我，他们的这种方法影响了我一辈子。现在就谈谈我的祖父母及我父母沿袭下来的家文化。

人生在勤 勤则不匮 治家以勤

我祖父、外祖父都是广东开平人。祖父母年轻的时候就离开家乡，来到中山市小榄镇，拖着一大家子，人生地不熟，没有任何基础和人脉，因为是外乡人，也没有赖以维持生计的土地，只能学一门手艺养家。那时候，祖父为了养活一家人，跟着一个师傅学习做豆腐，经过三年五载的学徒生涯，后来祖父自己开了间小作坊，以磨豆腐、卖豆腐为生。

不了解豆腐制作工艺的人可能真的无法体会做豆腐的艰辛。那个时候，各方面的条件都很原始，做豆腐也都是最传统的工艺。

冬天，每天早上开始泡豆子，到中午开始磨豆子，光是这一道工序就需要花费大量的时间，与此同时要烧开五六桶水。豆子磨好以后，将磨好的原豆浆全部倒入纱布做的豆腐袋里，然后将前面烧好的热水一桶一桶倒入、冲洗纱布里的原豆浆，一边冲一边用手挤压。把豆浆挤压出来这个工序是一个纯体力活，一方面是因为用来冲洗的水是前面烧好的开水；另一方面，如果同时制作的量大，要不断用力从纱布中提浆、洗浆、挤浆，再将冲洗出来的豆浆上锅一桶桶烧开。一般二三十斤的豆子，可以冲出五六桶豆浆。凉凉后，点卤（称好一定量的石膏）倒入一个能装五六桶水的大桶里，先用少量的豆浆调好后，再将凉凉的豆浆一桶桶大力往大桶里冲，如果凉浆的时间和放入石膏的量刚刚好的话，一般半个小时后会自动形成豆腐花。在豆浆冲入大桶后立即着手准备，铺好豆腐板和豆腐帕子，把这些豆腐脑一勺一勺舀在铺好帕子的豆腐板上，然后压一个多小时，把水分挤压出去，压成成型的豆腐，再根据需求切块。将切好块的豆腐按顺序侧堆起来，方便水分的沥干……整个过程完成后已经是凌晨一点左右。

如果是夏天，天气炎热，为了保持豆腐的新鲜，所有的工序都从傍晚开始，然后凌晨开始做豆腐，一直做到天亮。也就是说，夏天我祖父是没有办法在晚上睡觉的，这对身体无疑是巨大的考验。而当时烧火用的木柴要事先劈好，一般要准备两担多；做豆腐用的二三十桶水是需要从井里一扁担一扁担挑回家的；制作过程中的水温、石膏的用量，多一分少一分都会坏了一锅豆腐；所以，这是一项消耗体力和脑力的工作。在整个过程中，要统筹安排好各项工序，每个环节环环相扣，不能有丝毫放松，万一中间累了睡着了，没有把握好火候或者时间，一天的工夫可能就全白费了。想做好，就必须能吃苦，必须兢兢业业、本本分分、一丝不苟，稍微有一个环节疏忽，哪怕是摆豆腐的板或者铺豆腐的帕子没洗干净，都可能导致这一板的豆腐发酸变质，前功尽弃。夏天更苦，本身气温高，再加上全程高温操作，没有特别能吃苦的精神和坚持不懈的努力是根本干不下来的。

我有过两个奶奶，大奶奶去世早，孩子们也大一些，早年去了香港。我父亲是二奶奶所生的第一个孩子，下面还有四个兄妹，一大家子的日子，在祖父母辛勤的打拼下和高强度的工作中，靠着勤劳的双手，日子也还过得热气腾腾。

可是，好景不长。由于常年高强度超负荷地工作，祖父 50 多岁就去世了。家庭的变故，让大家都措手不及，所有的家庭重担一下子都落在奶奶身上，父亲为了替奶奶分担养家和照顾弟弟妹妹的重任，初中没毕业就没再继续读书了。由于年龄、身体都过于稚嫩，豆腐坊没办法继续维持下去，父亲只得去工厂做工挣钱养家了。

我外祖父早年是清华大学的高才生，那时是非常稀缺的人物。但是由于家庭成分不好，日子过得紧巴巴。母亲虽然很会读书，但是由于家庭成分的关系，念完初中，她也去集体工厂务工，每个月靠十几块钱的工资过活。

我们家有三个孩子，我有两个妹妹，父母每个月的工资加起来几十块钱，除了日常的开销和我们三个孩子的读书费用，家里的钱每个月所剩无几。但是即使这么贫穷，在我的记忆中父母也总可以把日子过得有滋有味，逢年过节，仍然可以让我们兄妹有新衣服和新鞋子穿。

我一直很纳闷为什么我家可以比我的同学家、邻居家过得更宽裕，直到有一天晚上接近凌晨时分，我睡眼蒙眬，感觉到屋外有昏暗的灯光，就揉着惺忪的睡眼走出去，看到一口大锅煮着开水，雾气腾腾，我父亲在灶台边，一脚踩在灶台上，不停地在锅中搅拌着，母亲正坐在一个大大的盆子边上，手里小心翼翼地剥着什么。后来我才知道，我母亲除了白天在工厂干活，晚上还要带一些蚕茧回来剥蚕丝挣钱贴补家用。难怪母亲的双手总是皲裂严重，有的手指头还开着大口子，时常疼痛难忍。原来那些买新衣服、新鞋子等家庭的额外花销，都是父母加班加点熬夜干外加工的活干出来的。

20世纪70年代我们一家五口

后来，我和妹

妹们有空的时候也加入剥蚕丝的工作中。在这段共同劳动的时间里，我们总是有说不完的话，虽然辛苦，但家里的笑声不断。父母从祖辈身上学到吃苦耐劳和乐观主义精神，他们任劳任怨，用勤劳的双手打造了我们不富裕但温馨和谐的家庭。

祖父母、父母的勤劳和乐观也深深地感染着我。到我这里，当然不敢有丝毫懈怠，不管是在学习期间，还是在企业写字画画做宣传工作的时候，以及后来赶上国家好政策——改革开放下海创业，从个体工商户，到三来一补、中外合资、外商独资，到现在的股份制公司，我一直勤勤恳恳，带领我的团队把公司越做越大，把公司经营得蒸蒸日上。哪怕遇到困难，我也坚信那都是暂时的，只要能吃苦、勤奋，我深信好日子是可以靠双手奋斗出来的！

宽厚仁爱 守规讲信 功成事遂

父亲年龄还小的时候，有空就去豆腐坊帮忙，跟着祖父磨豆腐做豆腐，学着做人做事。祖父话不多，但是用行动教给孩子做人做事的道理：做人和做豆腐一样，吃苦是必需的，凡事认认真真，规规矩矩，按部就班，一丝不苟，一旦有一点偷工减料或者疏忽大意，就一定会栽大跟头吃大亏的。

父亲像祖父，他不爱多说话，但是特别能吃苦。在工厂，他总是抢最苦最重的活儿干，像老黄牛一样，任劳任怨。当然，父亲这种吃亏在前吃苦在先的做法，也赢得了同事的尊重。

在教育我们方面，父亲从不责备、打骂孩子，什么是对的，什么是错的，他身教重于言传，用自己的实际行动给我们树立榜样。在我印象中，父母都没有大声呵斥过我们兄妹三人，这应该是今天无数家长羡慕的一种教养方式——不吼不叫培养好孩子。

二妹一家子

记得读小学的时候，我非常调皮捣蛋，和小伙伴上树掏鸟蛋，下河捞鱼虾，到地里偷玉米、偷红薯的事经常干。有一次和同学去农民家的地里偷甘蔗吃，结果同学到家里玩的时候，无意中说漏了嘴，被我父亲听到了。

他当时没有雷霆大作，而是耐着性子等同学走了以后，蹬着他那辆破自行车带着我，几经周折找到农民家里，和农民伯伯赔礼道歉，还主动赔了钱；这还没完，父亲又带着我去找我的班主任老师，让我坦白自己的行为，还让我写了深刻的检讨。在整个过程中，父亲没有一句责备，都是走在前面带着我，向农民伯伯、老师赔礼道歉，他一直是低头鞠躬，谦卑自责，态度诚恳。这个画面实在是太清晰了，那条坑坑洼洼的土路，我坐在自行车后面的车架上颠簸，心都快跳出来了，但是一声不敢吭，只用眼睛偷偷瞅着我父亲，那微弯的背显得更加沧桑，但非常坚定有力。

这个场景时时会出现在我的脑海里，孩子犯错，父亲先赔礼道歉，他宁愿委屈自己。这让我内心备受煎熬，我感觉他这种管教方式比打我骂我更让我痛苦，更让我记忆深刻。从那以后，我再做任何出格的事情的时候，都会先想到父亲，想到那个带着我去道歉的背影，然后我立刻收敛自己的行为。

家风是一个家庭的主张，贯注时日，长此以往，积存起一些共识和规矩。如栽种的庄稼，家人倾注心力，关注、参与其生长和收成。

从我懂事之后到后来的创业、经营企业，我一直铭记父亲教诲，做遵纪守法的好公民，老老实实做人，规规矩矩做事；在工作中要迎难而上，勇挑重担。

我办企业合规合法手续齐备，按规积极主动纳税，经营企业这么多年来，从不拖欠员工一分钱工资。在企业生产产品过程中，我更是严格标准，按章操作，不断守正创新，使我的小五金生意一做做了三十多年，并且越做越大，这也是诚信经营的福报。

我当时在五金行业小有名气，勇敢地接下了一项挑战性命题——做中国最好的指甲钳，将这个大企业不愿做、小企业做不来的“小不点”产品接下。经过一番工艺的打磨和创新、品牌的塑造和打拼，在指甲钳这个品牌空白的行业，瞅准商机，我做了自己的品牌指甲钳“非常小器——圣雅伦”。别看只是一把小小指甲钳，几十道工艺，我从制作工艺上不断提高标准，最终获得了成功，我发明创造的“两片式指甲钳”被称为“小五金行业的神五技术”。

做人要老老实实，做事要规规矩矩、本本分分、精益求精。这是家风传承给我的做人做事的根本，也是我的宝贵财富。现在我把这宝贵经验用在企业生产经营中，公司坚持客户第一、公司第二的企业宗旨，秉承合作、诚信、创新的企业精神，精耕细作，我的企业蒸蒸日上。

知物由学　学以益才　企业永昌

大概是父亲吃了没有读太多书的亏，也或许是受母亲家族的影响，父母对我们兄妹的教育特别在意，在那个“学好数理化，走遍天下都不怕”的年代，父母尽自己所能，省吃俭用，送我们读书、学习特长。现在看来，我觉得父母特别有先见之明，在那个吃饱饭都困难的年代，他们竟然在我七八岁时送我去学国画。而国画的学习不但提高了我的书法绘画能力，也提高了我的欣赏品位，还让我在学习中悟到了许多哲学道理和国学知识，培养了我理性思考问题的能力和习惯。我后来无论是工作，还是创业，无不得益于此。

我的第一份工作是在一个国营锁厂写字画画做宣传工作，偶尔还做厂长、书记的秘书，做一些会议记录。改革开放后，中山市每年举办菊花展，以花会友，以花招商，吸引香港、澳门的商人前来中山投资。由于我能写会画这一特长，曾被调往镇政府帮忙策划菊花展，出海报，做宣传。我从锁厂走出来后，视野也越来越开阔，脑筋也越来越灵活。菊花展结束后，我再回到锁厂，发现锁厂已经锁不住我那颗向往更广阔天地的心。我喜欢不断学习，工作后养成了读报的习惯。我后来发现这确实是寻找新机会的好办法，于是才有了我后来果断离开锁厂，冲进了改革开放的市场洪流中。毛泽东离开韶山来到长沙，养成了读报的好习惯，开阔了视野，为自己寻找新机；在长征路上，也是因为读报，看到刘志丹在陕北建立了根据地，才定下了长征的落脚点，同时也点燃了红军重生的希望。我通过读书看报，看到了外面的世界，看到了市场孕育的商机，于是我后来果断离开锁厂，冲进了改革开放的市场浪潮中。

在我精耕指甲钳被时任总理朱镕基认可后，我并不满足于此，我对指甲钳进行了市场定位，凸现其产品的价值。我不断学习，外出考察，改变指甲钳小五金的身份，让它以美容工具的身份出现在药店和个人护理用品店，并且做成“有文化内涵的美容工具”，以礼品的形式订购或与瑞士军刀等精品放在一起销售，我又一次获得了成功。

如今对指甲钳的销售主要是创意销售，因为我在学习国画时明白了一个道理：“学我者生，似我者死。”我们学习别人的东西，不光要学习，而且要把它变成自己的东西；我们要学习别人先进经验中的办事方法，但在运用中要实事求是，具体问题具体分析，切忌生搬硬套，在学习已有经验的基础上必须有所创新才能走得更远。我现在的指甲钳，当然它剪指甲的功能是首要的，除了这个功能，我不断思考，它还能给消费者带来怎样的感受？在视觉上、听觉上、手感等方面是否可以给消费者更多的舒适感、愉悦感？除了产品的基本功能外，它其实还可以是文化的载体，在外观、颜色、造型方面有太多文章可以做。我不断推陈出新，将指甲钳做成名片的创意让它化身为爱情的信物和送礼的佳品。我想，事业的成功得益于不断学习，得益于诗书、艺术的熏染，得益于国画给我的国学思想、思辨能力，我深信知识可以改变思维，更能改变命运。

家教开明 福泽子孙

我记得每次学完国画回家或者是放学回家的路上，父亲问我的问题基本上是这些：今天学了什么？听懂了没有？理解了多少？有没有问老师问题？有没有思考问题？《周易·乾》中有解："君子学以聚之，问以辩之。"学问学问，就是要学要问。那时候不懂，后来我才弄明白，这是父亲要鼓励我学会独立思考，懂得发问。所以，虽然表面上父母亲从来没管过我们三兄妹的学习，但是我们的学习从来没有让他们操过心。他们以这种开放式的问答方式，利用回家路上的时间或者饭桌上聊天的时间，通过口述的形式，让我们把在学校学到的知识全部复习了一遍。

三妹一家子

另外，我的父母非常开明，我们家有个不成文的规定——定期召开家庭会议。在家庭会议上，我们会聚在一起说说最近大家遇到了什么事、什么困难。父母会让每个人发表自己的观点，包括买家庭大件，比如自行车、电视机等都要征求我们意见，我感觉有一种被尊重的感觉。那时，虽然想法可能比较幼稚，但是父母总是给每个人说话表达的机会，而且他们从不断然否定我们的说法，所以那时候我发言还是很积极的，一旦自己的意见被父母采纳，自己的自信心和自豪感油然而生。我的果敢、有主见、有创新意识，我想就是那个时候培养起来的，而这些优良的品质和习惯，也让我终身受益。

母亲和我们三兄妹夫妇

我在经营过程中推陈出新，产生了一系列古古怪怪的治企理论与营销法则，如“宁做蚂蚁腿，不学麻雀嘴”的“蚂蚁论”，“小王也是王，蚂蚁腿也是肉”的“小王论”，“自己淘汰自己”的“创新论”，“锤子、剪刀、布，各有各的玩法”的“游戏论”，“感性、理性、悟性、灵性、个性”的“五性论”。这些源于生活、来自乡土的“土理论”引起了中国著名学府的关注，我应邀到清华大学、北京大学、中国人民大学向在校大学生和工商管理硕士（MBA）研究生班做讲演，公司也成为著名学府工商管理硕士研究生班的实践基地。这些“土理论”也引起了社会各界专家学者的高度关注，我的独特经历和新颖理念吸引了中外营销大师的广泛兴趣，使我成为中国“隐形冠军”形象代言人，被媒体称为“鬼才”和“每根头发都是竖起的天线”的“指甲钳大王”。“隐形冠军”理论发明人、世界著名管理大师、哈佛商学院访问教授赫尔曼·西蒙到中国讲学时，也特意邀请我就世界隐形冠军的话题做了交流。

家风渗透进一个人的身心，影响到他的每一根筋骨、每一块肌肤，影响到他的心智与思想、灵魂与审美，影响到他心地的宽窄、气韵的畅阻。受家风的影响，到教育自己的儿女时，我无形中也是宽松包容式的。我从不打骂孩子们，遇到问题分析问题，讲明道理，给出道德底线，让孩子们努力按照自己的兴趣爱好发展自己。

在我的家庭里，家里如果有大事小情要商量，我们也会坐下来开个家庭会议，听听每个人的意见。后来我女儿和儿子都出国学习，家庭会议改在线上进行了，家里有什么事，孩子们有什么事，大家都提出来，在家庭群里商量，你一言我一语，再大的困难也很快能找到解决方法。

母亲和我的一家人

孩子们出国临行前，我给他们每人写了一张字条放在他们的行囊里：不能做危及生命的事情；不能干触犯法律的事情；不能做违背良心的事情。到现在孩子们说起来还念念不忘，他们说这个很有仪式感，到了国外，他们都把爸爸亲笔写的这三句话装裱起来挂在墙上，时时看着，也感觉父母就在身边，倍感亲切。这三句话显然是最底线的要求，他们当然明白，并且严于律己。看着孩子们学成归来现在自己创业，并且干得风生水起时，我的内心还是很欣慰的。我觉得没有过多的约束，民主的氛围可以激发一个人的潜能，让人不断创新，不断挑战自己，超越自己。

博爱孝德　乐善不倦

祖父母那一辈孤身离开家乡来到中山，受到的照应很少，一路艰难。那时候，他们常常告诉我父亲，上要孝顺父母，下要多多照顾兄弟姊妹。我父亲牢记在心，祖父去世后，他小小年纪出来工作，帮母亲减负，供弟弟妹妹读书。后来，我们家的日子稍微好些的时候，父亲作为二奶奶这边的长兄，用实际行动兑现了“长兄如父”这沉甸甸的使命。每年清明节、祖母生日等重大的日子，父亲都会召集全家族成员一起度过，聚会多了，沟通多了，相互关心多了，一大家子人的关系更密切了，大家谁家遇到困难，众人拾柴火焰高，困难立刻得到解决。以父母为榜样，当我自己有能力撑起这个家的时候，我沿袭了父母的做法，在家里形成了一个不成文的规定，每逢长辈生日，无论家里人在哪里，在干什么，都要回家来共同为长辈庆生或者团聚。除了有一年，父亲生日的时候，我正在北京钓鱼台国宾馆签一个约，那时国家部委相关领导都在，对我而言，也是企业发展的一个重要时刻，实在回不去，我只能让我太太带了心意给父亲，我自己在那天抽空给父母亲打了好几个电话表达自己的歉意。古人有言，孝者，百行之本。没有祖父母、父母的辛苦，哪里能有我们的今天！所以，孝顺父母长辈是首要的。

2020 年全家福

另外就是尽可能地在工作上、生活上关心、关注需要关心的人，身边的兄弟姊妹、亲朋好友自不用说，从我企业离职准备出去创业的员工，我都会在技术和资金上给予支持。因为我觉得他们在我这里学习成长，足够强大了才离开，他们希望开辟更广阔的天地，同时也能造福社会，创造更多的就业机会，这是好事啊，我自然满心欢喜，理当大力支持。

十多年前，我退出企业一线管理岗位，开始潜心研究企业组织结构重组和商业模式创新变革，曾实地考察数十家应用隐形冠军战略的中国民营企业，提取的企业案例均被纳入高校 MBA 教育案例库。我还曾为量子高科、五谷种业、石岐乳鸽等十多家企业提供投资咨询服务。

我认为一个人的成功不叫真正的成功，一个人的事业不叫伟大的事业。让公司能够成就千千万万人的梦想才是真的成功、伟大的事业！为此，我牵头创办了香港井田商学院，这是由一群华人商界精英发起成立的企业家商学院，是中国乃至世界首家由成功企业家担任教学导师和事业导师的商学院。井田商学院秉承“帮助中小企业成就基业”的理念，不断创新，与时俱进，本着共享、共修、共成长的宗旨，搭建平台，让高校的企业管理大咖、成功企业家和刚起步的年轻企业家对接，把教授的知识引到社会，引到中小企业中，让年轻的企业家能触摸到教授的学问，学习到成功企业的经验，在创业的路上少走一些弯路，也让有理论的教授能直接或间接地帮到企业，各自发挥更大的功效，发挥最大的作用，从而成就更多人的梦想。

为了让学习在时间上、地点上更加灵活，实用性更强，适用性更广，受众面更大，我们还创办了国学·商学·资本，与名师切磋、与牛商同行、与资本共舞、更懂成长中企业的“师兄在线”线上学习平台，在线上开设公开课、名师课堂、MBA 课堂等。线上学习让学员在课程的选择上和学习的时间上把握主动，灵活性更高。同时我们也在珠海、肇庆、东莞等多地开办“师兄在线”驿站，通过多场沙龙，为企业家带去企业发展新思路。在疫情期间，线上教学发挥了更加突出的作用，形成了一个不间断的学习氛围，我希望通过自己的一点点创意和努力，让更多人受益。

2017 年我被聘为北京师范大学珠海校区国际特许经营学院职业生涯导师，通过系统教学和与学生密切沟通，我希望把我的这些企业经营实战经验传承给更多人，把创业和企业管理的种子播撒在青年人身上，将来开出更多、更绚丽的花朵。同时，“师兄在线”将建立人才库，帮助学校学生找到更好的企业，也能帮助企业找到更适合的人才，是促进校企深度合作的纽带。

家风，如同一个人有气质、一个国家有性格一样。我的家庭没有特别成文的家训，但是在家族长期的延续过程中，形成勤劳、仁爱、学无止境、宽容开明、乐善的风貌。这种无痕的家风，质朴而平凡，浸润着家庭的每个成员，饱含着人生中最真的真理，我愿继承并努力传承。

第二章　家之风 情之系

林新达口述，邝子文撰稿

林新达，顶固集创家居创始人，现任广东顶固集创家居股份有限公司董事长兼总经理，曾荣获中山市优秀企业家、百佳雇主称号。

我是林新达，我理解的家风，是家庭多年来构成的传统风气、风格和风尚，承载着一个家庭的生活方式、生活态度、文化氛围、价值观和人生观。从小我的父母就通过言传身教，润物无声地将“助人、诚信、为公”的家风传承给了我，对我的成长产生了深远影响。

廉洁为公，恪尽职守

我生活在一个普通的家庭中，每个成员相亲相爱，和睦相处。从小我们家里有三兄弟，我排行老二。父亲的文化程度不高，小学毕业。父亲以前是当兵的，听父亲说，在部队期间他是一个通信兵。退休之后在温州一个交通局工作了两年左右，最后选择回到村里面，后来还当上了村书记。在我从小的记忆中，他在村里当了几十年的书记。父亲就是这样的一个老书记，今年已经 86 岁，他为人正直，党性观念强，是村里响当当的好干部，威望也很高，村里老百姓都比较拥护他。作为一名老党员，父亲时时刻刻以一个共产党员的标准要求自己，一心为民，清廉为官，尽自己所能为百姓着想。他始终没有忘记自己入党时的初衷，他对党的理想信念始终不曾动摇，一直用党员严于律己的态度对待自己和别人。他用自己的实际行动诠释了一个共产党员的情怀。记得有一次父亲跟别人闲聊过程中，听到有人丑化党和国家的形象，父亲第一时间严肃批评、指正。父亲不允许有任何诋毁、诬蔑党和国家的行为与言论，有时遇到甚至会掀桌子。父亲这种表现让我感到很震撼。

早年全家福

我记忆中父亲当了两届村长、村书记。父亲作为村里面的干部，有时候在讨论一些话题的时候，如果有些乡长、乡书记存在私心，或者涉及对当地老百姓不好的事情，父亲会及时纠正。后来我曾经跟父亲开玩笑说，您太正直，如果圆滑处世很有可能已经当上县委书记。在这样的环境中长大，受到父辈的影响，从小耳濡目染很多事，潜移默化地学会了很多，直接影响了我为人处世的态度。作为一名党员，父亲发挥着共产党员的先锋模范作用，街坊邻居发生矛盾纠纷时，他会去调解安抚。别人家里出大事时，他会上前去排忧解难。给我印象最深刻的一件事是，有一次村里有个年轻人的妻子跟他父亲闹矛盾，年轻人非得让父亲给儿媳道歉，年轻人父亲不愿意，然后年轻人就跑到我父亲那里控诉，寻求帮助。我的父亲狠狠地训斥了那个年轻人。告诉他为人子女要懂得尊老，要时刻记得父辈的养育之恩。年轻人听后连连点头，最终化解了矛盾。这件事让我再次感受到父亲正直的为人处世态度，特别是对子女孝道的培养。他用真诚的心去发挥自己的正能量，引导家人、邻居共同创建和谐美好的生活环境。

儿子、我和父亲

勤勉敬业，爱心持家

我很小的时候，爷爷奶奶就离开了我们，由于家里还有小弟弟，母亲负责照顾弟弟。所以那时候父亲工作、开会都带着我。父亲工作繁忙，经常有各种会议,父亲开会的时候我就趴在桌子上等他。由于每次开会时间都比较长，我经常听着听着就睡着了，很多时候都是在朦朦胧胧中被送回家。

父亲的观念是本领靠自己学、自己练，尽管父亲的文化程度并不是很高，但是父亲自学能力很强。在父亲还没当上村支书之前，从某种程度来说，他还做过村里的会计，但是父亲不是学会计出身，从来没学过财务。两年的通信兵工作经历很好地锻炼了父亲的业务能力，而且父亲的字写得很不错，经常都是亲自写信、写报告，所以父亲通信兵的工作经验给他后来回村里工作打下了坚实的基础。

二十世纪六七十年代国民经济比例严重失调，经济严重下滑，人民生活水平低下。为了改善村民生活，作为村干部，父亲牵头带领村里劳动力到安徽黄山搞建筑。父亲积极组织开展学习班，当时父亲每个月的工资是 120 元，在当时已经是非常了不得的收入，因为当时县委书记工资也才 100 元左右。所以当时有人就专门给父亲弄了个顺口溜："手戴梅花表，脚穿牛皮鞋"，表达对父亲高工资的质疑和不满，其实当时父亲的工资组成有基本工资、差旅费、培训费。那段时间父亲忙于培训班的事情，我每天给父亲送饭的时候都能看到父亲在写报告，整理学习班的资料。

我的母亲是一位地道的农村妇女，文化程度不高，小学一二年级的文化水平。母亲一生勤俭、忠厚、善良，吃苦耐劳地把我们拉扯长大成家立业。从我记事起，母亲就教我做人做事的道理，对我要求很严格。爱玩是小孩子的天性，因为小时候特调皮捣蛋，尤其刚记事那会儿，老是鼓捣出一些名堂来，几乎隔一两天都会有大人登门"拜访"。记得那是一个下午，我同小伙伴们在田里玩耍，看见别人家的包菜，就拿着玩具鸟枪打了一个个小洞，结果不到两三天时间包菜就人为强迫"开花"，最后烂掉了。母亲知道后大发雷霆，劈头盖脸把我训斥了一顿，告诫我不要破坏别人的东西。还有一次扔石头，结果砸到别家小孩，将他的头砸出血。母亲把躲起来的我提溜到那个小男孩家去道歉……最后把我提溜回家痛斥一顿，说差点把人家那孩子的眼砸伤，让我保证以后不再犯了。可是我脾气倔，就是不肯认错，说是他先骂我的，他活该挨打。一听这话，母亲气得脸色铁青，狠狠地揍了我一顿。世界上没有无缘无故的爱和恨，回想当年自己挨打的经历，都是因为太过于淘气，闯了祸惹了事，父母不会无缘无故就把我摁倒在地揍一顿的。我内心深处也意识到了自己存在的问题和错误，虽然不想被揍，但还是要接受处罚。母亲的教育深深烙印在我的心中，使我学会有颗善良平和的心，善待他人，关心大事。

早年全家福

2021 年 1 月拍摄的全家福

言传身教，传承孝道

父亲从长年的生活经历里总结了一些经验，我自小就受到反复训导，其中印象最深的有以下几方面：第一，一定要把自己的事情做好，尊重自己的选择，对自己的将来负责任。第二，不能做危害社会的事情，比如赌博。第三，要学会时刻尊重别人。要尊敬长辈，对朋友、师父和身边的人常怀感恩之心。

父亲的教诲是我一生的指南。有时对父亲的教导毫不在意，却尝了不在意的苦头；有时不服气，可事实总叫人五体投地；有时常因自己的聪明去轻视，没想到中了别人的诡计。也许人就是这样，可怜的鼻子碰不了壁就领悟不出一定的道理。

我的父亲出身于一个普通的农村家庭。他意志坚强，从不向困难低头。他一生追求进步，一生艰苦拼搏，一生克己奉公，一生与人为善。无论在什么地方、哪个岗位，做什么事情，他都是一个尽心尽责的人。在村里，他是一位合格的书记；在社会生活中，他是一个好公民；在妻子心中，她是好丈夫；在儿女们心中，他是一位好父亲。

在做人做事和创业的过程中，我从父亲身上学会了坚持，逐渐具备了不服输的意志力。创业多年，我逐渐懂得一个道理，成功人士大部分必须具备的一个条件，就是意志力要比常人强。除了坚强的意志力，我还从父辈那里学会了自信和感恩。一个企业的成功和持续发展离不开自信。一个企业如果缺乏必要的自信，就无法发展壮大，无法应对外在的冲击和考验。而我的自信是从小父辈慢慢培养起来的，最终也成为企业文化不可或缺的一部分。

我在家里排行第三，老二小时候患病，当时医疗水平低下最后没能抢救过来。而老大比我年长几岁，所以家里对我多了一份额外的关注。我小时候嘴巴很甜，父亲去哪里都喜欢带上我。从小父亲就给我创造了一个很好的成长环境，把相当大的一部分关爱都放在我身上。常言道：三岁看大，七岁看老。三岁到七岁的年龄阶段对小孩的影响很重要。

在这关键的时候我能切身地体会到父母对我的关爱和付出，能感受到满满的幸福感。因为当你从小获得满满的爱，长大以后才能真正懂得奉献和帮助别人的意义。所以我经常会跟儿女说，当你从小得到的爱是满足的，你长大后可以把你的爱奉献给社会。如果从小来自父母的爱是缺失的，你长大就会千方百计去追寻、弥补缺失的那部分爱。在这个过程中就有可能无意间将自己塑造成一个受害者，从而导致心理缺陷，不平衡。而我的童年是幸运的、幸福的。这也让我懂得在创业的过程中，企业的发展离不开对社会的奉献。

儿子出国前合照

2020 年 7 月，儿子回国聚会

2017 年 1 月，温哥华滑雪

守护初心，报效桑梓

父亲很早就萌发了把父母一辈的精神代代传下去的念头。为了这笔精神财富的传承，在父亲倡议下重新修订家谱，几易其稿，终于印刷成册并分发给家族各成员。

父辈以身作则，为这个家庭留下了宝贵的精神财富，正如林氏家训有言：“志在行成、其念允平、圣贤可希、孔孟宜钦、学积君用、克济光明”。

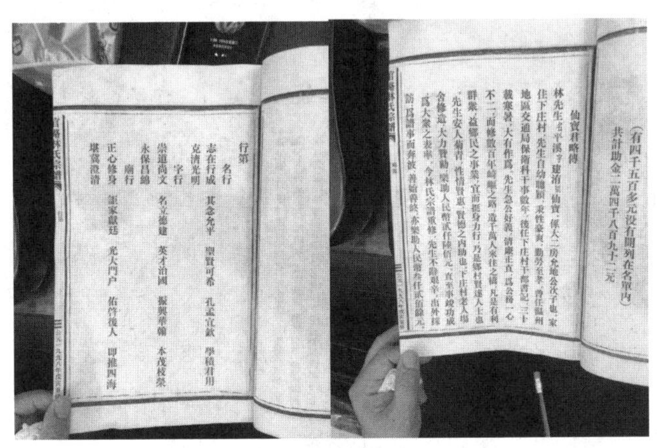

行第

名行

志在行成　其念允平　聖賢可希　孔孟宜欽　學積君用

克濟光明

字行

崇道尚文　名立德建　英才治國　振興華[illegible]　本茂枝榮

永保昌綿

廟行

正心修身　[illegible]家獻廷　光大門户　佑啓後人　即推四海

堪賞澄清

（有四千五百多元没有開列在名單内）

共計助金二萬四千八百九十二元

仙賓君略傳

林氏家谱

父亲在十几年前倡议重新整理林氏家谱，为防止后代子女遗忘这些品德，父辈在编写整理家谱之余，开始总结提炼父母言传身教的经验，完善林氏家族的道德标准，又制定了家风、家规等。林家的好品德都凝聚在父辈总结的家谱、家训、家风和家规之中。“正心修身、讵家献廷、光大门户、佑启后人、即推四海、堪冀澄清”，简简单单的 24 个字，渗透着林氏家族做人做事的哲理。

家风是一个家族习惯或风尚的传承，它浸润在日常的一粥一饭、一言一行中，深入血脉，延及子孙。完整的家训、家风、家规让林氏家族团结一心。父辈对于子女的影响是潜移默化的，我受到父母的影响很大，但愿我的言行也能对后代产生好的影响。

公益与慈善之路，是一条无尽的攀登之路，我就是这条攀登之路上的跋涉者。在做企业的同时，我始终把这一核心理念作为企业健康快速发展的不竭动力，奉献社会，回报社会，积极倡导和践行企业社会责任，真正做到了“取之社会，用之社会”。

由于林氏祠堂年久失修，历经风雨，已成千疮百孔，破烂不堪，亟须修缮。于是我捐资几十万元重新修缮林氏祠堂。我希望以这次修建祠堂活动为契机，增强宗亲之间的凝聚力，融合宗亲之间的感情，让后人传承优良的家风家训，共同建设我们美丽的家园。这对于社会发展、乡村建设、百姓和睦都是有深远历史意义的。

调整心态，认识自己

我祖辈都是善良、本分的农民，文化程度很低，但是父亲勤学、好学的优良品质深深影响到我。二十世纪七八十年代，随着打工潮的出现，许多人寻求发展的机会。我初中毕业之后就出来找工作，没有继续求学，父亲针对这个问题专门找我单独聊过一次。父亲语重心长地跟我说：“并不是家里没钱供你读书，多读书对你以后的发展会更好。这么早出来工作对你以后人生的发展会产生不好的影响。你现在所做的决定要对你以后的人生负责任。”当时我拍着胸脯回答道："这是我自己的决定，我对自己的行为负责任，请您放心。"初中就出来工作，其实跟我自身还有当地的教育水平有很大关系。我初中学习成绩还是不错的，特别是数学，经常名列前茅。当时国家开始普及英语教育，而我对学习英语不感兴趣，经常都是死记硬背，年轻时候又比较贪玩，所以背的单词遗忘率也比较高。而且当时处于叛逆期，我更喜欢上自己崇拜的老师的课。但是，当时我的班主任刚好是一个英语老师，刚大学毕业，缺乏工作经验，管不住像我这种比较调皮的学生。由于经常让班主任处于为难的境地，班主任有时候对我也存在反感情绪，所以导致我出现厌学的情况。从某种程度而言，这也是导致我初中毕业之后就出来找工作的其中一个重要的原因。回想当初，如果安分读书，大学毕业后也许只会找一份稳定的工作，按部就班，一辈子就这样过去了，也就不会有后面不断创业的故事。改革开放初期，江浙地区手艺人比较多。那个时候手艺人一年大概能挣 2000 元，就当时而言已经是一笔丰厚的收入。当时当地女生能找到一个收入高的对象是一件非常幸福的事情。所以后来我就决定专心做个手艺人，去学自己想学的东西。

总体而言，初中毕业之后选择踏入社会主要有四个原因。第一是淘气，处于叛逆期。第二是当时当地教育水平低下，教学条件简陋。第三是跟科任老师产生矛盾，存在厌学情绪。第四是想证明自己的选择是对的。

出身平凡，胸怀远志

我刚踏入社会时工作并不顺利，就开始后悔当初的选择。但时刻记住父亲说的话，对自己、对家人负责任。而就是那次的谈话让我下定了必须走出去、必须闯出一片新天地的决心。要么不做，要么一做到底，拼命做，做到最好。性格使然，也决定了我最终选择创业这条路。

1978 年，中国迎来了改革开放的春天。当时的中国社会，计划经济逐渐过渡到社会主义市场经济，百废待兴，商业刚刚起步。广东在全国先行一步，进行积极的实践探索。这正是改革开放的起步阶段，也是我商业生涯的起点。

十几岁我便到家具厂当学徒。19 岁这一年，我与两位朋友一起开办了一家家具厂，但由于不懂行业，第一年便产生了亏损，大家商量要不要解散公司。我想了两三个晚上，最后决定接盘家具厂。

创业初期基本上有一半时间是在图书馆度过的，学习营销、管理、采购、财务，还有人际关系。短短三年时间，我从一个小毛孩成长为能负责一家公司的小老板。

家具厂虽然逐渐有了起色，但盈利有限。一个偶然的机会，我拉了大概10套家具，转手卖给其他家具厂，居然赚了四五千块钱。当时的一套家具成本才300块钱。一个晚上可以赚10套家具的钱，我想了想，决定不做家具厂了，改做家具材料的贸易。

经过几年的发展，我从家具材料贸易扩展到装饰五金贸易，慢慢占据整个山西省的五金批发市场，身家也达到几千万。但由于是家族生意，很多事情身不由己。

1996年，我去北京出差，发现北京只有两个较大的建材批发市场，而当时太原就有四个。但北京的地域、人口、消费需求都比太原大很多，我评估北京未来的建材批发市场会很大。于是，我把山西的生意交给了亲戚，只身前往北京谋求新的发展。

由于不了解北京建材市场，在北京第一个季度就亏掉了50万。我特别想告诫现在的年轻人，如果想创业的话，最好先去这个行业的龙头企业干个一两年，一边上班一边学习，还能赚钱。如果贸然进入一个新的领域，肯定是要交学费的。

1996年的北京，随着经济的发展，人们对建材的需求倍增。经过一年的努力，我已经占领北京建材市场80%左右的份额，几乎每个月都有新的建材市场开业。

2002年，我在中山开始了自己人生中的又一次商场征战。当时我想OEM（代工）的利润很低，但是为了这点利润，不少企业争个你死我活，这让人看着心疼。难道中国就创造不了品牌吗？于是，我暗下决心，要创立自己的家居配件品牌，并给自己定下了第一个十年规划——十年内拿下驰名商标。

带着这个目标，我开始南下中山建厂。最初其实只是想单做五金装饰配件，后来慢慢开始往更多的家居品类发展。可以说一开始创业我是带着想法和理念来的，所以敢于投入和学习。而南下创业，应该说是带着一份骨气与民族情怀过来的。

租赁而来的简陋场地，十几个人的团队，却满怀着对未来的憧憬和希望；凭借着“把品牌做成信仰、让产品功能发挥到极致、坚持真诚为消费者服务、让中国制造业走向世界”的匠心精神，让顶固一步步向高峰发展。

顶固 2018 年创业板上市时与太太合照

所以，在创业的这些年里让我懂得了几个道理。一是要懂得处理人际关系。人在职场，想打造职场核心竞争力，就需要学点职场心理学。知己知彼，才能百战百胜！要有一个正确的思路和熟练的交往技巧，这关系到你的事业是否顺利。二是修炼高情商，控制好自己的情绪。情商是我们每个人内在的某种无形的“东西”。它影响着我们如何控制自己的行为，处理社交关系，以及为达到正面效果而做出个人抉择。一个人如何控制自己的情绪，基本决定了他这一生会过上什么样的生活。

助人为乐，幸福之源

缺少传统文化教育的东方企业注定走不远，只有把东方的思想哲学与西方的管理模式两者相结合起来，真正把有形与无形管理结合起来，企业才能长久发展。所以，顶固的企业使命是让消费者享受美好的家居生活，让员工受人尊敬、生活更加幸福。于消费者而言，顶固用智能科技打造便捷生活，以“轻奢家”的家居生活理念，让消费者体验到个性化订制的精致与美好，配上完善的服务，为消费者还原梦想中的舒适港湾。于员工而言，顶固的实力是员工自信的根源，家人们在顶固各施所能、各展所才。员工的归属感与幸福度不仅来源于物质的充裕，更来源于精神的满足，顶固给每位员工的不止于安稳的舒适圈，而且是充满挑战与生机的舞台。

不管是对员工、对客户、对顾客还是对社会，顶固致力于做一个有温度、有社会责任感的企业。顶固在内有让员工互助互惠的爱心基金，对外有传递爱心、点亮偏远地区孩童上学之路的“手拉手”爱心基金，无论在内还是在外，顶固都在践行感恩和爱心文化。

顶固是在 2002 年成立的，当时在国内有着一定的基础和影响力，所以我们就想一心一意把品牌做好。但是做了三年之后才意识到：我们做的并不是真正的品牌，它缺少一种“灵魂”。

当时我正好在中山大学总裁高级 MBA 精要课程研修班学习。在老师的哲学管理课上，我初步接触到了中国的儒家思想文化，也在思考怎么将品牌和企业文化做一个结合。

之后，我们在做品牌规划时就着重考虑了几个要点。其中一个要点就是：到底哪些人是我们的目标客户？回头一看，消费者是我们的客户；供应商是我们的客户；员工也是我们的客户。最终，我们决定围绕这三大客户群体去做品牌推广的落地。但是这三方之间是缺少联系的，我们如何通过顶固这个平台以及文化去打造一个有温度的品牌？从那个时候开始，我们就策划了两个基金：一个助学基金和一个爱心基金。

爱心基金只针对公司内部员工。一旦某个员工的家庭有应急之需，基金将随时启动，并且发动其他员工募捐，一起将爱心传递下去。多年下来，这个基金还在有序运转中，也切实帮助了很多的家庭。这样一来，企业的温度就建立起来了。

助学基金则不只针对员工，它更强调对社会教育的奉献。我们都知道，“助学”是一个很宽泛的概念，而企业的力量是有限的，我们能不能专注在某一个点上？考虑到很多偏远地区若没有校舍，那里的孩子从小就得辍学，最终我们把重心放在了小学教育上。

顶固“手拉手”爱心助学计划在今年迎来了自己的第13个年头。13年，对于整个人生而言，可能如白驹过隙一般；但于顶固爱心助学计划而言，这条路走得已然长久。这种长久，离不开发起人十年如一日的坚持。我花了13年的时间，让每个人的善念在心底生根发芽、遍地开花，铺就了一条通往贫困地区儿童助学的幸福路。

我们捐建的第一所希望小学，也是我们在这十多年中遇到的最令人震撼的一次经历。

2008年5月12日，汶川发生了大地震。云南镇雄距离震中非常近，不过300公里，当时学校旁边的几所房子全部倒塌。幸运的是，在地震发生之前，学校的原建筑已基本拆除完毕，全部学生被转移到了临时安全场所上课。所以当地震发生时，学校校长、当地教育局的人都打电话给我，说若没有我们这次行动，学校就会倒塌，全校7个年级、300多名师生的生命财产安全，将受到严重损害。

我在听到这个事情的时候感到非常震撼，也感到非常骄傲，没想到这个无意的举动，竟然避免了一场巨大的潜在伤害。从那以后，我更加坚定了自己的信念：一定要把爱心助学这项事业持续做下去！

13年前，顶固正潜心打造自己的品牌，却无法领悟其真谛；13年后，我们通过爱心助学这个项目真正塑造了自己品牌的“灵魂”。一个有灵魂的品牌，它必定是有温度的。通过这个活动，我们建立起了在消费者、供应商和代理商三个客户群体间的感情连接。之后我们又拧成了一股绳，给全国各地贫困地区的小孩送去了温暖。多年下来，无论是员工、代理商还是供应商，他们的反馈都很积极，认为爱心助学项目对自身和企业都具有巨大的现实教育意义。

老一辈人经历艰苦岁月的洗礼，以坚韧不拔的毅力和吃苦耐劳的精神将子女抚养成人。他们高尚的品质值得我们一生追随和学习。俗话说，忠厚传家远，家和万事兴。家风看不见、摸不着，却时时刻刻影响着我们每一个人；

家风无言，却有着无声的力量，滋润心灵，培养美德。好家风是国之根本，家之灵魂，好家风包容万千。我家的家风也大抵如此。

女儿结婚照

外孙女一百天合照

第三章　坚持本色，传承家风

金锦伟口述，周晨阳撰稿

金锦伟，中共党员，浙江省东阳市东阳江镇天秀村人，出生于1967年5月。农牧产业化国家重点龙头企业青海五三六九生态牧业科技有限公司董事长，中国驰名商标“5369”品牌创始人，现为青海省第十二届政协委员，果洛州第十四届人大代表，青海省工商联第十一届常委，青海省五三六九牦牛研究院院长，青海省有机畜产品协会会长，上海浙江商会常务理事长，青海浙江商会副会长，荣获“博鳌儒商标杆人物”称号。创办的青海五三六九生态牧业科技有限公司2021年被中共中央、国务院授予全国脱贫攻坚先进集体称号，被农业农村部认定为“农业国际贸易高质量发展基地”。

我叫金锦伟，是一个典型的山里孩子。在创业过程中，我始终坚守祖辈、父辈秉承的仁厚忠信、推仁佩义、躬行实践的家风底色。在子女的教育上，我注重独立意识的培养和优良传统的传承。从自身而言，为了服务藏区、服务藏区人民，我率领团队扎根青海十余年，搭建出一条集种草、养畜、加工到市场的生态牦牛全产业链，创建了属于自己的特色品牌。

我的祖辈：乐善好施，造福乡梓

我的家乡位于东阳与磐安交界的地方，磐安已经属于偏远山区了，而我们村子则属于山区中的山区。大约700年前，我的家族从天台孟岸迁移到东阳天秀村。我现在是姓金，其实我的祖宗姓刘，是汉武帝的后代刘德金。通过查阅最新修订的家谱得知，我这一辈人是汉武帝之子中山靖王刘胜的第四十一代后裔。宋徽宗年间，为了旌表东阳刘金氏同居合食、长幼有序、乐善好施、造福乡梓的美德，御赐了“江南第一家”的牌匾。后来由于村子被评为浙江省美丽乡村，复刻的御赐牌匾被挂到了村口。直到今天，我的家乡还流传着许多我祖辈造桥铺路、乐善好施的故事。

因为地处山区，交通非常不便利，我的太公辈，也就是我父亲的爷爷那一辈，出身非常贫寒。我的太公没有亲兄弟姐妹，他的父亲，即我的太太公，也是单传。太太公夫妇生前对太公管教严格，奉行传统的棍棒底下出孝子的教育理念。太公讳岩海，儿时曾被太太公夫妻俩赶出家门。无家可归之下，他只能在大晚上饿着肚皮，哭哭啼啼地跑到1.5公里外的外婆家。但太公对他的父母始终很孝顺，凡事都能忍让，也不敢惰懒。太公九岁那年开始给富农当长工，由于为人聪明勤快，深受雇主喜爱。到了 13 岁时，太公越发身强体壮，时常一个人就可以完成两个成年长工的工作量。我太公比较有想法，认为给人做长工不是长久之道，于是便租了别人的一座山种玉米，结果来年玉米大获丰收，从此解决了全家的吃饭问题。为了不受欺负，我太公拜大开和尚学武术，我家至今还保存着太公学武时留下的两个大石锤。太公他一身正能量，只要早上起来打开大门，不管是晴天还是雨天都高呼“好天，好天！”，这句话至今还在家乡流传。太公从不说他人坏话，遇到小孩说声乖，始终赞美他人，始终怀着一颗感恩的心，感恩上天让他能来到人世，感恩社会。

为了改善山村的交通状况，太公捐建了许多路桥，一些桥至今还在发挥着作用。去年，为了支持家乡的美丽乡村建设，我也给村里赞助了一座村口拱桥。从我工作开始，村里开展公共工程时，我都会尽自己的一份力。我的父亲是村里的老支部书记，也是一名老党员，为村里的建设做出了许多不可磨灭的贡献，同时也留下了很多宝贵的精神财富。集体化时代，在我父亲的带领下，村子里办起了粮食加工厂、打油厂、茶厂、养猪场、林厂等企业，兜底了村民每工分 0.7 元的分红，而当时其他村子每工分的分红只有 0.3 元左右。在我父亲的努力下，山村的交通状况也得到了明显改善，从只供人行的泥泞小道，到可容手推车通行的泥石路，再到可通拖拉机的水泥路，我的父亲一直在默默践行着祖辈修桥铺路、急公好义的乡儒理念。

全家福

我的父辈：诚信为本，教导有方

我的父母一共生育了五名子女，我是兄弟姊妹中的老幺，因此受到的关爱也相对多一些。从小父母亲就教导我们要诚实做人、要学会吃亏、要乐于付出。父母亲是这么教导的，我们也是这么做的。在工作和生活中，我们总是要求自己勤奋、付出比别人更多的努力。很多时候，别人走 90 步，我们就要求自己走 100 步甚至 100 多步，要多走一点，这样才能够走到前面。

因为一直担任村里的支部书记，父亲对家人的要求非常严格。作为村干部的家属，我们兄弟姊妹从小就被教导要以身作则，不能贪公家的东西。如果被父母亲发现做了损人利己、损公肥私的事，我们不仅要诚恳认错，而且还要挨打。小时候，家里的二姐看到村里人都在摘邻村的桃子，她自己也想吃，于是在地上捡了几个桃子，以为这样不会被父亲骂。万万没想到，二姐把桃子拿回家后，还是被父亲严厉地批评了一顿。父亲要求二姐跪地认错，并责令将桃子物归原主。当时的物资很匮乏，山里的小孩难得有水果零食吃，在父亲严厉的批评下，桃子还是还了回去。山村的林木资源比较丰富，许多本村人和外村人会偷偷地砍伐树木来盖房或者换钱。有一次，整个村子里的人都去山里偷木头。我看大家都去了，也跟风进山，悄悄地砍了一根自认为很大的木头带回家。但我又不敢直接带回家，因为如果被父母亲发现的话，免不了挨一顿骂。于是，我将这根木头藏在了家中废弃的筛谷机里。事情发生后，为了挽回国家的损失，村干部开始挨家挨户地收缴被偷伐的林木。由于父母亲一向以治家严谨闻名，我们家在村子里的风评很好，大家根本不会想到我也跟风去偷了木头，所以也就没有认真地对我家进行检查。最近回家，我发现这根已经朽坏的木头到现在都还静静地躺在原地，因此我对这场偷木头风波记忆犹新。我小时候非常调皮，但由于我在五个兄弟姊妹中年龄最小，挨的打要比哥哥姐姐少很多。

相较于村镇上的其他家庭，我感觉我们家对小孩学习的重视程度要更高一些。但如果跟山外的城里人相比的话，肯定是要差一些的。由于兄弟姊妹众多，并且后面三姊妹之间的年龄差距不过两岁，同时供五个小孩读书对我当时的家庭来说是一笔沉重的负担，但父母亲还是咬牙坚持了下来。父母亲一直忙于生计，对家里的孩子都是采取自然放养的方式来培养，学习方面的事完全靠我们自觉。我和哥哥姐姐的读书成绩都非常好，因为我们都清楚山里孩子要走出大山只能依靠读书和当兵来实现，所以我们都非常珍惜来之不易的读书机会。在正式入学前，我就已经开始跟着哥哥姐姐到学堂旁听。正式入学后，我每天早上起来的第一件事就是要先把牛喂饱，一边喂牛一边温习功课，喂完牛再到学校去读书。每天下午放学后，我还要帮父母干一些力所能及的农活，比如放牛、砍柴等。那时候也不只是我这样做，我的兄弟姊妹也都非常听话懂事。我和最大的哥哥之间相差 14 岁左右，我读小学的时候，他已经娶妻生女了，我和我侄女之间只相差了 8 岁。我的大哥当时在一家工厂上班，大哥一家并没有分家出去独过，而是和我们一起挤在一个很小的房子里共同生活。因为人口多，家里的日子过得相当拮据，那个时代的物资本来就很匮乏，每年每个孩子只能做两套新衣服，夏天一套，过年一套，父母亲也都非常辛苦。

在读书方面，因为我的成绩比较好，一般每次考试都能排在全乡前三名，所以从小学到初中我每年都能拿到三好学生的奖状，一直担任着班上的班长，老师们也都非常喜欢我。那时候每次考试都要出光荣榜，因为我自身的好胜心和进取心都比较强，掉出光荣榜对我来说是一件很丢面子的事，所以我学习起来非常刻苦。我清楚地记得，我初中升高中的时候，我小哥正好高中毕业考大学。我小哥的学习成绩很好，但那个时候考大学是千军万马过独木桥，通常都需要至少复读一年才能考出去。那个时候，父亲已经 46 岁了，劳作时意外地摔了一跤，导致了比较严重的肾出血，不能干重体力活，所以家里的境况也就变得越发艰难，根本无力支撑两个小孩上高中的各种费用。在父母的熏陶下，我们兄弟姊妹之间都非常谦让，并且我估计小哥复读一年后成功考取大学的概率非常大，所以我主动提出辍学，想把继续读书的机会让给小哥。因为我年龄最小，亲人们对我的关照也就更多一些，所以小哥最终放弃了学业去学手艺，而我则在家里人的一再坚持下，顺利地升入了高中。

严父，孝悌仁义

我父亲的文化水平比较高，工作能力也比较强，所以18岁那年就当上了天梓乡副乡长。那时我们村子属于磐安县天梓乡，后来才划归东阳市八达公社。在乡政府工作期间，我父亲有很大的机会得到提拔重用。但是在21岁的时候，我父亲放弃了努力奋斗来的干部身份，重新回到农村当农民。那一年冬天的一个晚上，我家里运气不好，堂叔举着照明的油灯不小心在家里的二楼引起了火灾。叔叔那时的年纪还很小，起火后就害怕地躲了起来，没有及时通知家里的大人。当时屋子的二楼堆满了喂牛的玉米秆和稻草，并且太公门下的几间房子都是连在一起的，所以火势蔓延得很快。发现着火后，家人们奋勇地冲进火场，救出了年迈的太公、太婆。最终，家里的房子、家具、棉被等都被烧光了，只留下了一个可以装30斤大豆的陶罐。火灾发生后，乡里面的人都不敢告诉我的父亲，因为怕他经受不住这个打击，但我父亲还是无意间从隔壁办公室听到了只言片语。当时家里有四个老人，我父亲还有几个年幼的弟弟妹妹，光靠我父亲那点国家工资，养活不了这么多的人口。那时农村除了种地外，还可以通过售卖山里的土特产来贴补家用。知道家里的重大变故后，我父亲展现出了一个长子的担当，义无反顾地回到了农村。据母亲后来跟我们讲，父亲刚回到农村的时候干活非常拼命，有的时候干活干得饿晕了过去，整个人就直接从山地上滚下来，非常辛苦，非常不容易。火灾发生后的第三天，父亲铁着心动员爷爷、奶奶、妈妈一起上山挖葛根提炼葛根粉。经过一家人辛勤的劳动，父亲用卖葛根粉换来的20块钱，买了一间不到40平方米的小房子。因为那时太公、太婆、爷爷、奶奶都还在世，所以说这间不到40平方米的小房子里同住着几代人。可以说，我父亲是从零开始，为我们祖孙几代人再造了一个家。虽说还有叔叔，但叔叔比我父亲小17岁，所以全部的担子都压在我父亲身上。山里面虽说有诸多不便，但胜在石头和木头等建筑材料比较多。等到家里逐渐地缓过来后，我爷爷他们重新造了房子，我父亲自己也造了房子，一共造了四五次房子，这在当时的农村是一件很了不起也很不容易的事。据我父亲说，回农村几年后，他又被天梓乡政府叫回去负责信用社的筹建。

我父亲的作风非常正派，为人也很仁义。“文化大革命”期间，他就已经担任了村子里面的支部书记。因为生性仁义，我父亲想方设法地保护了好几个改造对象，不顾个人安危地为他们澄清历史问题。我至今仍记得一件人命关天的大事，当时是集体年代，粮食玉米分配到户后晒干再回收，下屋村有个村民叫桑龙水，由于他的玉米干燥率低，有些村干部错误地认定他偷了玉米，桑龙水蒙冤之下闹着要上吊自尽，天天将绳索系在腰间，他可怜的妻子为了防止他自寻短见，只能整日跟着他。父亲得知此事后，挨家挨户地向农户了解收获时玉米的生熟情况、玉米的生长环境。通过与同等情况的农户做对比，澄清了桑龙水的受冤事实，成功地挽救了一条生命。受过我父亲帮助的这些人以及他们的后代，到现在都对我们家充满感激，逢年过节还会过来看望我的父亲。

我父亲办事公道，工作能力强。由于善于和群众打交道，他多次被八达乡政府征调到纠纷调解工作组。因为他有一颗慈善的心，有一颗为民谋幸福的心，有一颗爱党的红心，所以他非常乐意为纷繁琐碎的纠纷调解工作尽自己的绵薄之力。当时，人们把八达乡工作能力最强的四个人称为“三水一喜”，这个词提炼了四个人姓名的最后一个字。其中一“水”是乡党委书记，其余二“水”一“喜”是村支书，“喜”就是我父亲，我父亲的名字在当时的八达乡可以说是无人不知。

我父亲今年 89 岁了，还健在，我的母亲比他小两岁，74 岁那年就去世了。在父亲的言传身教下，我们几个子女都非常孝悌仁义。几年前，我的父亲遭受了第二次高血压中风。送往医院后，他被诊断出严重的肺积水，蛋白指标非常低，随时有生命危险。作为子女的我们都非常担忧，不仅聘请了专业的看护阿姨，而且为了更好地照料父亲，我们凡事亲力亲为，争相为父亲炖老鸡汤、炖鱼汤、买蛋白粉、买肽藻粉等。医主说怎么做好，我们就怎么做，想尽办法帮助父亲恢复健康。在照料父亲方面，我二嫂特别细心认真。父亲第一次中风后，我二嫂便主动承担起照料我父亲生活的责任。几十年如一日，无怨无悔地付出。这次中风后，经医生和家人们的百般努力，我父亲在住院两个月后被成功地从鬼门关救了回来。但是，我父亲彻底失去了行动能力，从此以后只能卧病在床。由于卧床时间太长，父亲患上了褥疮。卧床老人最怕的就是溃烂感染，因为卧床溃烂的治愈难度极高。我有一个侄女是医生，在得知老人的情况后，千方百计地寻找民间偏方和特效药物，在药物和细心照料的共同作用下，父亲最终获得了痊愈。

我的父亲

慈母，大方善良

我母亲不识字，但在我心目当中，她的形象非常高大。由于没有文化，我母亲讲不出什么大道理，但她总是用实际行动来感化我们这五个小孩。我母亲很慈爱，从来不批评和打骂我们，总是鼓励和表扬我们。她从不刻意地去要求子女做什么，总是让我们水到渠成地去成长。我母亲话不多，人也特别善良，她身上的善良品质值得我终身学习。我从小就受到母亲的格外疼爱，所以我跟母亲之间的感情非常深厚，她特别信任我。母亲去世的时候，我很痛苦，仿佛长期以来的精神支柱轰然倒塌。

虽然没有文化，但母亲在为人处世、待人接物方面非常大方得体。小时候，我们家的人口一直很多，最多的时候有 11 口人生活在同一屋檐下。人多了难免会产生各种各样的矛盾，在母亲想方设法地居中调解下，这些矛盾总是会很快地消弭于无形。因为山区的交通非常不便，村里人很少外出采购，所以很多手艺人选择到村里来上门服务。因为我爸是支部书记,那些做木工的、打铁的、做篾匠的手艺人进村之后通常都会选择到我家借住。母亲每次都真心实意地招待这些手艺人，于是这些手艺人对我父母的几个小孩都很喜爱。我小时候比较调皮，经常跟着这群手艺人学本领，他们也很乐意教我。由于从小跟外面人接触比较多，所以相较于村子里面的其他小孩，我们兄弟姊妹的眼界要更开阔一些。

家里面的人口很多，我母亲每次都是一箩筐一箩筐地去洗衣服，我感受得到母亲的辛苦，所以我经常跟她一起去洗。父母每天都要去山上干活，所以每天的中午饭都要带到田间地头去吃。父母的辛苦，我们兄弟姐妹一直都默默地铭记于心。我们兄弟姐妹在村子里是属于很听话懂事的那一类小孩，经常给家里干些力所能及的家务活。成年后，我和哥哥姐姐们都特别有孝心。在兄弟姊妹中，我的收入一直都算是比较高的，而我本身也比较善于表达对父母的关心。逢年过节的时候，我都要尽可能地抽出时间来陪伴父母，给他们添置新衣服。参加工作后，我经常给家里寄钱。有一次，父亲去存钱的时候,不小心将钱弄丢了。钱丢了之后,父亲非常心疼和自责。为了把钱省回来,父亲把抽了很多年的烟都给戒掉了。光戒烟是省不下几个钱的，他们又想通过养猪来创造更多的收益。现在回想起来,我觉得他们并不是真的心疼这笔钱,而是心疼我的劳动成果。我父母一直都非常纯朴，他们身上始终闪耀着中国人克勤克俭的传统美德。

我自身：筚路蓝缕，坚守本色

18 岁高中毕业后，虽然没能考上大学，但我有幸一次又一次地抓住了时代的机遇。我的第一份职业是老师，教了一年书之后，我幸运地被乡政府选录为乡干部。当了不到一年半的乡干部，我又以第一名的成绩考上了事业单位——金华水利水电工程处。短短两三年的时间，我就完成了从村里到乡里再到市里的跨越。因为深知走出大山的不易，所以我很珍惜市里的工作机会。对待工作，我总是倾注百倍的努力和激情，因此我的工作成绩总是出类拔萃。后来，我又在工作期间考上了南昌水利水电高等专科学校。虽然要一边工作一边读书，但是我两者都兼顾得很好。为了不断提高业务水平，我从不间断专业学习，那个时候几乎每天晚上都要学习到十一二点。2005 年，我报名参加了国家的第一批一级建造师考试，当时通过国家一级建造师考试的只有区区几百人，而我正是其中之一，这也是对我长期坚持付出的一种肯定。

年轻时的我

虽然后来我去创业了，但在金华水利水电工程处工作期间，我一心扑在工作上，完全没有别的想法。在单位中，我始终坚守山里人的本色，践行着祖辈和父辈传给我的两点基本行事准则。其一，遇到困难时，要积极思考、努力克服，笃定办法总比困难多；其二，开展工作时，要乐于付出、保持正能量，坚信付出和收获一定成正比。在以上两点基本准则的陪伴下，我成功地度过了一段严重的事业危机。1995 年的时候，由于汛期出现百年不遇的洪水，我们单位承建的一座围堰被大水冲毁。围堰垮塌的时候，我正好就在现场。当天大雨漫山，我和单位的总工一起下到坝底查看现场。在检查过程中，我们发现水已漫过堰顶，下围堰浆石堆石体下沉，堆石石渣慢慢被冲走。设计之初，我计算过安全系数，若下游没有堆石体，安全系数偏低，会垮坝。我发现这一项险情后，提醒总工赶紧外撤，走到一半的时候大坝就被洪水冲垮了，如果晚走几分钟，我们就有可能葬身于洪水之中。由于我的提前预警，此次事故没有出现人员伤亡的情况。围堰被冲垮后，单位经过多次考察论证，一致推举我为重建项目的项目经理。我当时还很年轻，刚满 27 岁，骤然从一个工程技术人员转变成工程管理人员让我倍感压力。工程管理是一项难度很大的工作，因为完成一座大坝的建设通常需要数十个技术人员和数百个基建工人的通力合作，人员调度、质量监督、进度控制等任何一个方面出现差错都会极大地影响建设速度。并且在我接下这项任务时，由于这种体制是首创，单位个别领导并没有为我积极地协调资源，而是在旁边观望，想看看我到底有没有能力将事情办好。重建大坝的那段时间，我身上背负了巨大的压力，扛不住的时候就躲到一边去大哭一场。得益于不怕困难、不怕吃苦、不怕吃亏的本色，我最终成功地完成了人生的第一次历练。

后来，为了调动人员的积极性，我们单位开始采取项目负责制。由于有了独立修建水电站的经验，而且单位也很鼓励职工外出承接项目，所以我开始参与社会上的招投标。第一次招投标我失败了，失败后觉得很丢脸，躲在家里整整两个月不敢出门。这期间，国家发生了 1998 年特大洪灾，我察觉到水利建设将迎来井喷期，而我也将得到大展拳脚的机会。因为抓住了机遇，我的业务量迅速地增长，有时候我个人承接的业务就超过了单位其他人的总和。由于业务功底很好，工程经验也丰富，所以我承建的项目总是能保质保量地提前完工。慢慢地，我在水利界树立起了良好的口碑。随着知名度的提升，我收获了很多的荣誉，上过电视台，也受到过省领导的表彰。因为业绩好，我身后的团队也越来越壮大，我曾经的手下现在有很多都成为国内水利界的翘楚。2003 年我们单位开展了转企改制，当时我是新公司董事长的有力竞争人选，但是我放弃了这次机会，决心自己创业。

做出辞职创业的决定并不是一时冲动，而是经过了我的深思熟虑。对于我的这个决定，家人也给予了支持。由于抓住了机遇，我收购的企业每年都能为我带来可观的收益。我非常感恩所处的时代，正是因为抓住了时代赐予的各种机会，我才能从一个山里的孩子，一个靠工资吃饭的工程技术人员，逐渐成长为一名企业家。目前，我名下的几家企业都运行良好，为当地和国家创造了税收，为近千人提供了就业岗位。

回馈社会，服务藏区

2011 年，为了小孩能接受更好的高中教育，我作为引进人才举家搬迁到了上海。恰逢上海对口帮扶青海果洛，在国家西部大开发政策的感召下，我决定参与到这项事业中。因为曾经在青海投资过油田，所以我对当地的情况有所了解。在当地政府的建议下，我决定投资果洛的牦牛产业。高原生态畜牧业是一个充满挑战的行业，要想在这个全新的领域站稳脚跟，需要同时具备四个要素：其一，要有好的身体，身体条件好才能适应恶劣的高原环境；其二，要有强的经济实力，经济实力强才能赢得当地牧民和政府的信任；其三，要有思路，思路不清晰就会丧失发展的方向；其四，要有情怀，缺乏情怀就会丧失发展的动力。

通过对自身条件进行细致的衡量后，我发现自己完全具备从事高原生态畜牧业的四个要素。并且，我自身还有三点优势。首先，我对恶劣环境的适应能力很强，因为我成长在大山中，继承了山里人吃苦耐劳的本色；其次，我家里人都很纯朴善良，非常支持和鼓励我回馈社会；最后，我很善于和老百姓打交道，在修建水电站的时候，我的群众工作能力得到过充分的锻炼。

隔行如隔山，从水利建设行业跨越到高原生态畜牧业需要重新去定位、重新去学习。但没有克服不了的困难，这是我从父辈身上学到的。于是刚到藏区的半年，我静下心做了细致的调研。我是学水工专业出身的，对事情的思考讲究逻辑性，追求用数据说话。以调研数据为依据，我们聘请了专业人士量身订制了一整套具体的发展规划。我企业最核心的定位是生态，在生态优先的前提下开展高品质的发展。最大的责任在生态，最大的潜力也在生态，所以说我企业必须坚定不移地走生态之路，在推动企业发展的同时还要恪守生态红线。我企业的第二定位是服务，我们要服务藏区人民，服务国家西部大开发的战略布局，服务国家生态文明建设的伟大实践。我企业的使命是分享，我们要分享健康，分享生态，分享发展成果。我一直以来都是一个敢拼敢闯的人，所以我喜欢干人家不敢干的、干人家干不成的、干人家想不到的事。

在果洛的头三年条件非常艰苦，由于还没有建立足够的互信，当地牧民群众和政府对我们抱着一种观望的态度。这更激起了我挑战的决心，因为我们家的家风就是坚韧独立、脚踏实地，这也使我不会轻言放弃。为了打开工作局面，我决定主动出击，从零开始，逐步改善基础条件，用付出去赢得支持与信赖。我深入走访牧民群众、乡镇干部和宗教人士，通过交心的方式来宣传企业使命。经过三年的不懈努力，我们逐渐收获了认可和支持。牦牛养殖业是藏区的母产业，牦牛是藏族人民几千年来赖以生存的必需品。久治县县长曾对我说："我们的草山就是你们南方的农田，我们的牦牛就是你们的大米，把生态牦牛养殖做好是一件功德无量的事。"将生态环境利用好，让特色资源走出去，帮助牧民群众脱贫致富是我带领企业走进果洛州久治县的初衷。要实现这些目标，必定要像西天取经一样，经历九九八十一难才能修成正果。

做一件事、做好一件事、坚持一件事，是我在藏区为自己订立的一个目标。虽然在南方办企业会更轻松，收益也会更高。但自从来到藏区后，我从来没有动过回南方的念头，始终坚持以牦牛为事业，总想把这件事做成。这其中，我的妻子给予了我足够多的支持，她始终陪我一起面对，出谋划策。不光我一个人为这个事业倾注心血，我身后的整个团队都在朝着这一共同目标努力拼搏。我团队的成员来自不同的地方和不同的民族，在十多年的时间里始终不离不弃，心往一处想，智往一处谋，劲往一处使。通过近十年的努力，我们基本打通了从种草、养畜、产品加工到市场的产业链。我们现在有四个养殖基地，都是在海拔 3600 米以上的高原地区，不是一般人能去的地方。

"做百年企业，创世界品牌"是我为企业制定的远景目标。优良的家风可以世代传承，优秀的企业也要走向世界。作为青海省内有机畜牧业的国家龙头企业和会员单位，我们将紧紧地抓住这次发展机遇，不断提升企业的品种培养、品质提升、品牌打造和标准化生产能力，积极打造数字牦牛交易平台，大力拓展产品市场，完善市场服务手段，以山里人的本色，继续带领企业爬坡过坎。

我在藏区

热心公益，情系百姓

我的祖辈、父辈一直都乐善好施，这也让我的社会责任感很强。多年来，我一直在尽职尽责发展企业，回报社会，彰显担当。2016 年至 2019 年，青海五三六九农牧科技有限公司平均每年为贫困群众分红 75 万元。其中 2017 年 1 月 10 日，青海五三六九生态牧业科技有限公司经营的完加六村扶贫产业园为完加六村 347 户 1412 名贫困群众分红 75 万元，户均 2000 余元，人均 530 余元；2018 年 1 月 17 日，青海五三六九农牧科技有限公司为森多镇 347 户 1412 名贫困群众分红 75 万元；2019 年 1 月 23 日至 2 月 10 日，玉树境内多次出现大范围降雪天气，州县农（畜）牧部门与省内从事牦牛肉加工的五三六九等知名龙头企业对接非生产性牲畜出栏事宜，为受灾群众及时止损。“一方有难、八方支援”，2020 年 1 月 14 日，青海省农业农村厅组织五三六九生态牧业公司等农牧业企业，捐赠牛羊肉 3.4 吨、牛奶 2 吨、菜籽油 2 吨、青稞饼干和速食面 2.5 吨、防护物资（防护服、N95 口罩、护目镜、手套、鞋套）若干，价值

36 万余元。广大民营企业和非公经济人士在受环保因素影响经营困难的情况下，积极响应倡议。2020 年 1 月 28 日，五三六九生态牧业科技有限公司等企业筹备货物，驰援武汉，向青海赴武汉支援医疗队送去价值 20 万元的牛羊肉；2020 年 3 月 1 日，久治五三六九生态牧业科技有限公司捐助价值 8.75 万元的牛肉 1.25 吨。心在民身上，情为民而生，对于我而言，只有牧民富了，我才是真正成功；只有牧民笑了，我才会真正开心。

我多年的努力获得了各级政府及百姓的一致认可。2020 年我们被中华全国工商业联合会、国务院扶贫开发领导办公室授予“全国万企帮万村先进民营企业”荣誉称号。2021 年我们被中共中央、国务院授予“全国脱贫攻坚先进集体”称号，我的爱人陆爱珍女士也被民革中央授予“民革助力脱贫攻坚工作先进个人”荣誉称号。这些荣誉给了我们莫大的鼓舞，也是对我团队这几年坚持服务藏区的充分肯定。带领传统的畜牧业走向现代化是一条非常漫长的旅程，充分带动藏区群众还有大量的工作需要去做，我们前十年的工作只能说是打好了基础，要想达成全部的目标，我们还要继续爬坡过坎，还要继续坚持。

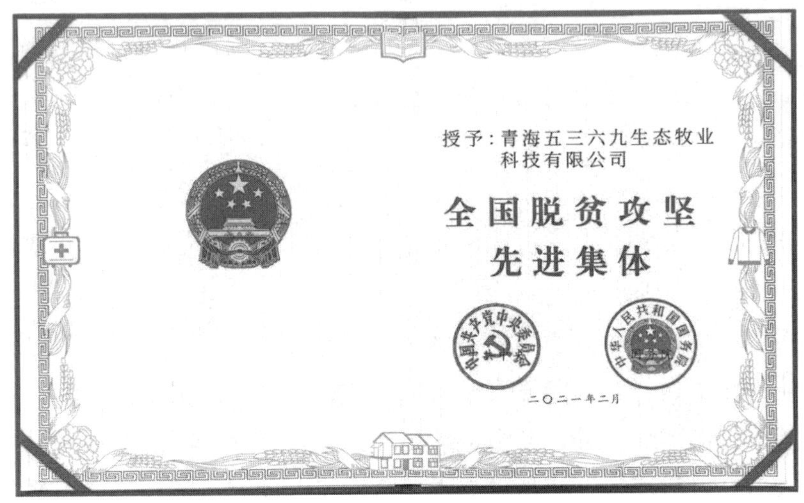

“全国脱贫攻坚先进集体”荣誉证书

我的后辈：坚韧独立，脚踏实地

我和我爱人响应了国家独生子女的政策，因此只育有一个小孩。从经济实力上来讲，我的家庭完全有能力去帮助我小孩过很轻松的生活。但是，他参加工作后，我从来没有主动为他提供过任何形式的经济支持，所有的东西都要求他自己去努力争取。我始终坚信，培养小孩的独立意识是每个父母应尽的责任。所以我不可能直接给我小孩买房子、车子，我会要求他自己到社会上去游泳。我小孩自己也很争气，在他身上我完全感觉不到任何的依赖思想。即使困难的时候只能啃一块钱的冷馒头，我小孩也始终没有请求家里伸出援手，他反而有点乐在其中，因为他觉得自己学会了吃苦。我认为有两点家风在我小孩身上延续得比较好：其一，坚韧独立；其二，脚踏实地。我小孩是他外公外婆带大的，由于我和我爱人都在同一单位，平时工作忙，所以我小孩从小就学会了独立。高中一毕业，他就被美国印第安纳大学录取，独自一人在国外待了四年才回国。在我们的影响下，小孩也始终秉持着“办法总比困难多”的理念，遇到挫折的时候，总是自己想办法克服。在他求职的过程中，我没有给他帮过任何忙，也没有替他打过任何招呼，他凭自己的实力应聘进了阿里巴巴公司。互联网企业推行996工作制，内部竞争也很激烈，缺乏竞争力的人很难在阿里巴巴这种公司里面成长。在工作方面，我小孩继承了家里面拼命工作的基因。忙起工作来，他就不怎么顾家里的事了，有时候整天整天地开会，加班到晚上十一二点是常态。由于工作能力比较出色，对待工作又比较认真负责，我小孩在两年不到的时间内就从一个普通小职员被提拔为经理。

由于一直忙于事业，我和我爱人或多或少缺席了小孩的部分成长过程，这种缺失成了萦绕在我们夫妻心头的遗憾。我小孩学成回国后，在社会熔炉的历练下，他逐渐成长，慢慢地开始体谅父母创业的艰辛。在经济上，我小孩跟家里算得很清楚，从来不去占父母的半分便宜，即使有的时候找我们拿了钱，他也会连本带息还给我们。在教育上，我放任他到社会上去学习和成长。通过几年时间的亲身实践，我明显地察觉到他对中国社会和传统文化的了解正在逐渐加深，带领团队的能力也在逐渐加强，这种可喜的进步让我和我爱人倍感欣慰。

全家福

家风和传统文化都是老祖宗为我们留下的宝贵精神财富，好的家风和优秀的传统文化可以为子孙后代源源不断地输送思想养分。正是因为家风本色的力量，我才能在时代中脱颖而出，一次又一次地抓住发展的机遇。感恩新时代，拥抱新时代，迎来明天美好的未来。

第四章　脚下走着的路

左振声口述，赵文玲撰稿

左振声，山东聊城人。卧云庐国学馆创始人、珑巨文化传播有限公司董事长、山东珑巨人冶金材料有限公司董事长、济南茶文化协会副会长、山东茶文化协会副会长、济南市聊城商会副会长、博鳌儒商标杆人物。

我是左振声，我理解的家风，不一定是“挂在墙上的格言”，更重要的是“脚下走着的路”。家风应该是爷爷常常提到的“要想公道，打个颠倒”“亲的远不得”，应该是父亲教导我的“能吃苦，有担当”，应该是母亲嘴中的“吃亏是福”。现在谈谈我们家人对家风的理解和践行。

人如其名：“左膀右臂”“振兴中华”“掷地有声”

我叫左振声，曾用名左振生。“振”是左氏字辈，采用了中国千年的取名形式，同时也是对中国古代“礼”制的传承；“生”是“生生不息”的意思，这是妈妈给我取的名字，寄托着她对我的期望和疼爱。在我读初三时，遇到一位教我们古文的先生，我们都亲切地叫他柴老师，他建议我把名字中的“生”改为“声”，这其中的内涵那时的我还不能完全理解。随着年龄和阅历的增长，我细细琢磨，这个名字改得好，而且对我的人生选择有很大影响。

现在，我向别人介绍自己的名字时，常常用两个版本。第一个版本：“左膀右臂”的左，“振兴中华”的振，“掷地有声”的声。“左膀右臂”，指的是我希望自己能够成为一个对朋友、对企业有所帮助的人，更希望自己能够成为一个对社会有用的人；“振兴中华”，是我对自己的期望，期望通过自己的努力能够为实现中华民族伟大复兴的中国梦添砖加瓦，同时这也是每一个中华儿女不可推卸的责任与担当；“掷地有声”，是我做人做事的理念，就是要说到做到。第二个版本：“左膀右臂”“金声玉振”。“金声玉振”出自《孟子·万章下》：“集大成也者，金声而玉振之也。金声也者，始条理也；玉振之也者，终条理也。始条理者，智之事也；终条理者，圣之事也。”“金声玉振”是孔庙的第一道门坊，也是孟子对孔子的评价，做事情有始有终。我这样介绍自己的名字，一方面希望自己能够做事情有始有终，不忘初心，牢记使命；另一方面希望他人能够通过我对名字的解读，来了解我这个人。

父亲与母亲

父亲的言行一直影响着我

我出生在山东聊城一个农村家庭，父亲初中毕业，在当时算是有点学识的，也正是因为有文化，所以当时可以在县城寻个谋生的工作；母亲是个地地道道的农村妇女，她没上过学，在家里务农；我还有一个弟弟和一个妹妹。我小时候，家里经济条件并不宽裕，日子过得也算是紧巴巴的，但是，父母却特别重视对我们三个子女的教育，很少让我们帮忙干农活，爷爷奶奶又年龄大了，家里的重担自然就都落在了父母的肩上。

父亲告诉我：“吃得苦中苦，方为人上人”

在我小时候，村子里的孩子几乎都不愿意去上学，愿意继续享受着和小伙伴们一起爬树、扔沙包、跳皮筋的快乐，村里的大人们也不太重视孩子的教育问题。然而我却是个例外，是爷爷口中“哭着去上学的小孩”，终于到了入学的年龄，爷爷带着我去学校报名，但是由于自己出生的月份较早被拒绝入学，回家后我就大哭了一场，当时家人和邻居们也都很诧异，竟然还有因为不让上学而哭的孩子。或许是因为上学的欲望比较强烈，我的成绩一直还算不错，小学四年级之前，有三分之一的时间都是考班级第一，也就是在这一年，村里的人们又给我起了一个名字——“大学生”。

“大学生”这个外号，或许让我有些飘飘然。在我读初中的一段时间内，我像多数男孩子一样，疯狂地迷恋上了武侠小说。有一次我正津津有味地读着《三侠五义》，整个人沉浸在打打杀杀的武侠世界中，完全没有在意父亲是什么时候走到我面前的。父亲当时非常生气，直接把我的书撕了，我印象中父亲很少如此生气。后来，父亲又语重心长地找我谈：“吃得苦中苦，方为人上人！你再继续看这种闲书，就会耽误你以后考大学！你要把精力花在学习上，要看正经书，多看作业。”后来，父亲就经常给我灌输一个思想：“只要你愿意读书，只要你能考得上，我们家就是砸锅卖铁也会供你读书的！”

我与父亲母亲

父亲是我的榜样：“做个有担当的人”

父亲虽然只有初中学历，但是，他非常看重对子女的教育，他认为只有读书才是改变命运的唯一途径。为了让我们三兄妹读书没有压力，父亲承担了更多辛苦，他那时坚持半工半农，每天早上天不亮就出门，骑自行车去县城上班，下午下班后还要骑车回家继续干农活。我们村距离县城父亲工作的地方有 20 多公里路，每天骑车就要三四个小时，而且，无论是县城的工作，还是村里的农活，两头做的都是最辛苦的活。父亲却从不抱怨，似乎还很满足，毕竟能在县城有份工作贴补家用，在当时也是别人羡慕的事情，所以，他总是说，虽然辛苦一点，但是可以让家人生活得更好一点，这就很知足了。虽然父亲工作很辛苦，但是他很少让我们兄妹三个到田里做农活，用他的话来说就是：“你们就只管安心读书就好。”

父亲就是这样一个任劳任怨、埋头苦干的人，他认为只要能让父母、老婆、孩子的生活过得好一点，他再辛苦都是甜的。我认为，现在我在事业和家庭中所取得的一点点成绩，跟我父亲对我的影响有很大关系。尤其是父亲任劳任怨的品质和担当意识一直影响着我，现在的我也像当年的父亲一样。在父亲的影响下，我学会了要做个有担当的人，这种担当是对自己、对家庭、对企业、对社会和对国家的担当。

我在求学过程中其实并不是一帆风顺的，小学阶段我的成绩还算不错，曾经被村里人叫了多年的“大学生”，但是初中升高中时成绩不太理想，没有考上我们县城一中，后来又复读了一年才如愿，三年后高考也不太理想，仅考上一所普通本科，远低于我的预期。大学期间及大学毕业后三五年内我的创业都不是特别顺利，这个时候我想起了初中时期的柴老师写给我的毕业赠言：“聪明反被聪明误”。或许从中考失利到高考不理想，再到毕业后创业的挫折，那时的我都没有认真剖析过自己，似乎在逃避承担责任。后来，我慢慢领悟到，一个人无论是在学习中还是工作中，不怕没有人重视，不怕没有机会发挥，最怕的就是自己没有负责任的勇气，一个人能承担多少责任，就能成就多大事业。我也是在挫折中不断意识到：要做个有担当的人！

作为一个企业的创办者和发起者，我认为最重要的就是担当意识。这种担当表现为对企业员工的担当。作为一个企业的领头人，带领企业实现向上向好的发展，不仅仅是为了业绩，更重要的是能够很好地保障企业员工获得更高的待遇、更好的发展前景、更充实的精神世界；这种担当更是一种对社会的担当。我认为有担当的人，“只问事之当为不当为，不计成败得失”。我当时创办卧云庐茶文化国学馆时，就是希望能带给他人放空心灵的空间去思考人生，同时也是向更多人传播国学知识，目的就是做点对社会、对他人有益的事情。所以，朋友们也经常会问我：“你创办的这个国学馆很好，但是怎么赚钱呢？”我的回答就是：“或许这个国学馆不能直接产生经济效益，但是一定能产生社会效益。”

跟父亲一样，我也非常重视子女的教育问题，而我尤其重视对子女的国学教育，就像《弟子规》中提到的：“有余力，则学文”。我认为人的主要精力应该放在学会如何做人上，有余力才去学习科学文化，要做一个德才兼备、以德为先的人。我现在有一儿一女，大儿子正在读初中，他有个很好的习惯，就是爱读书。因为家里到处摆放的都是书，我和我爱人也有读书的习惯，儿子也就耳濡目染地喜欢读书。我的小女儿刚满一岁，在她还未出生时，就对她进行国学胎教，现在家里也会一直播放“雅乐”和“国学经典”。我重视子女的国学教育，并不是要求子女一定要有多大成就，而是希望能像乔家大院里的一副对联那样，“读书即未成名究竟人品高雅，修德不期获报自然梦稳心安”，意思是读书即使没有成名，也会有高雅的谈吐和品德，行善积德不求回报，自然能心安理得睡梦也香。古人就认为，以诗书修人品，以学问养心性，培养知书达理、深明大义的子弟，家族家业就会后继有人。父亲对家庭的那种担当意识，现在已经深深印刻在我身上，我也将会把它传递给我的子女们。

母亲

母亲在实际行动中指引我前进

母亲是一个普普通通的农村家庭妇女，身为人母、人妻和人媳的她，一直都秉承了中国传统妇女的善良、勤劳、质朴和孝顺，尽心尽力做好每一个角色，教育子女、体贴丈夫、照顾公婆，样样尽心。

鸡蛋总是少煮一个

母亲孝敬老人、善待亲人的品德，教育我做人要以“孝”为先。母亲对老人是十分孝敬的，对姥姥、姥爷、爷爷、奶奶一视同仁，无微不至地关心和照顾他们，我记得常常听到爷爷夸奖我的母亲是最孝顺的儿媳。在我小时候的记忆中，母亲是个很“小气”的人，每次煮鸡蛋都会少煮一个。虽然当时家里并不宽裕，但是考虑到家里有老人和孩子，母亲会想尽办法让家人们吃得好一些，所以经常煮鸡蛋给我们吃，但是总是少煮一个，她自己不吃。那时，我也总是问她为什么不吃母亲有时会笑着说“我不喜欢吃鸡蛋”，有时还会理所当然地回答“我早就吃过了”。还有一次，母亲可能觉得瞒不住我了，就一板一眼地跟我讲道理：“爷爷和奶奶年龄大了，需要营养补身体；你和弟弟妹妹们还在长身体，营养可不能断了，不然长不高；你父亲每天工作那么辛苦，当然也要补补；我就在家里忙活，不累的，不需要补充营养。”母亲就是这样一个对自己很小气、对家人很舍得的人。

还记得我刚刚大学毕业那会儿，母亲就打电话问我：“振声，你结婚大概需要多少钱？我们攒了一笔钱留给你结婚用。”那时我立马回复母亲：“妈，我一分钱也不要，我现在已经工作了，不能再让您和父亲为我花钱了。你们辛苦了半辈子，也该享享福了。”当时，母亲确定我不需要用钱后，她就和父亲商量用那笔钱重新盖了砖瓦房。以前的农村，到处都是土坯房，很少有砖瓦楼板砌的房子，那时父母也一直住在几十年的土坯房里，土坯房由于盖的时间比较早，房顶上会偶尔渗水，于是母亲终于决定盖了砖瓦房。但是，如果我需要用那笔钱的话，母亲肯定还会继续住在土坯房里，并且还会告诉我住着很舒服。她总是这样，永远把自己放在最后一位，煮鸡蛋是这样，花钱也是如此。

母亲在 2016 年中央台·央视网孝心春晚暨《中国好母亲》颁奖盛典现场

始终忙碌的身影

母亲吃苦耐劳、顽强拼搏的精神，教育我做人必须首先立足于“勤”。母亲的勤劳，在我们村是远近闻名的。我小时候在农村，烧水、做饭、取暖基本都靠燃烧玉米秸秆和掉落的树叶，煤炭是买不起的，所以母亲每天早上起来第一件事就是去村子附近拾柴火、扫树叶等。我印象比较深刻的一件事是，在我九岁那年，母亲正怀着我弟弟，她依然坚持最早一个起床，目的就是早一点出去扫杨树叶子,因为去得晚了可能就抢不到了。无论是寒风腊月的冬天，还是烈日炎炎的夏天，母亲总是第一个起床，天不亮就拿着扫帚、推着小车去拾柴火，回家整理完一整天的柴火后，就开始把屋里屋外打扫得干干净净，然后进入一整天的家务劳动和田里劳动的循环中，无论是白天还是夜晚，不管是晴天还是雨天，她总是有活干，从未见她闲着。

母亲和父亲一直关系都很好，在我印象中，他们很少因为生活琐事而吵架，两人的关系非常融洽，相敬如宾，互相关心。父亲是很疼爱母亲的，当时在县城里的工作比较辛苦，但是只要一有空在家，都会主动帮助母亲做农活、做家务，相互配合。母亲更是心疼父亲，为了让父亲回家后少干点活，她经常天不亮就出门做农活，还包揽了家里大大小小的家务。正是在母亲这种吃苦耐劳的精神的影响下，我们的家庭才通过辛勤的劳动，一步一步变得更好。

母亲虽然没上过学，但是她身上体现出中华民族劳动妇女勤劳善良的优秀品质，一生为家庭默默无闻、不计回报地付出，为子女无私奉献的伟大母爱，在我的心中留下了不朽的丰碑。她的做人原则、处事方式也一直影响着我，她的优良品质成了子女们一生享用不尽的精神财富。

爷爷讲的小故事包藏大道理

爷爷在我们村里算得上是文化人，当时村子里很少有识字的，但是我爷爷会写字而且为人正直，所以，乡亲们也都信得过爷爷。以前在村里，谁家要是有个分不清的麻烦，也都喜欢找爷爷去主持公道。不管是哪家两口子吵架了，还是谁和谁的地界分不清楚了，只要爷爷出面协调，最后都会握手言和。爷爷的威望在方圆十里都好使。小时候的我也经常缠着爷爷，伏在他的膝前听他讲故事。爷爷的小故事里总是蕴含了大道理，对我个人的成长有很大的影响。

“要想公道，打个颠倒”

我常常问爷爷为什么村里的人都来找他帮忙解决矛盾，爷爷当时告诉我一个谚语：“要想公道，打个颠倒。”这是老百姓的一句俗话，把公道处事问题讲得很透彻、很形象。可以说，在事关自己切身利益的问题上，人人都向往公道、企盼公平，但是，如果事情发生在别人身上，人们往往会心存私欲，做出有失公平的判断。所以有了这个“颠倒”，就容易心临其境、设身处地地替对方着想，进而以超脱的状态、友善的姿态、平和的心态妥善地处理敏感事务，反观所做的决断是不是出于公心、合乎公理，是不是达到了公平公正。

土地是农民的命根子，在农民的眼里，土地就跟自己的性命一样重要。二十世纪七八十年代，国家刚刚推行联产承包责任制的时候，土地分到了每家每户，那时的农民真的是视地如命。为了自己的耕地不被人侵犯，经常有相近地块的两家人因为“争地边”闹得不可开交，有时还会拳脚相加、大打出手。我们村也经常因为地边的事情吵架，有时候是你家种小麦，有一段跑到他家地里了，这时候大不了把那一段的小麦给拔了。还有更严重的是，以前用镰刀收麦子，割到中间时，很容易把挨着的别人家的麦子给割了，要是两家积怨已深，那打架是不可避免的。每次爷爷去帮忙处理这类事件时，总是能轻松解决，并且还能让打架的双方都心服口服，用的就是万能的招数：“要想公道，打个颠倒！”爷爷让他们互相交换位置，再去想想整个事情的经过，村民就会发现原来自己也有错，矛盾自然也就解开了。

“亲的远不得”

以前，大家都在一个村庄里过日子，基本都是一个家族，亲戚朋友都经常见面，平时一旦有什么应急的事情，都能互相有个照应。因此，处好人与人之间的关系，显得特别重要。爷爷在如何处理家族关系这个问题上有个原则：“亲的远不得”。

以前没有计划生育政策的约束，农村生孩子都很多，家里有五六个孩子都很正常，甚至还有更多。这样一来，亲戚也就多了。在农村，大家住得也比较近，亲戚之间的来往也比较多。正常情况下，有了难处或者问题，都是亲戚先出手相助。当然，也会出现亲戚间闹矛盾、不来往的现象，这种情况往往都是因为一些小事结下梁子。爷爷总是会跟我讲一些真实的故事，跟我分析利弊，他总是说：“亲戚之间能够密切来往，互相走动，一个家庭就如同顺水行舟。”

在我的印象中，我的父亲和叔叔有时候也会因为一些小事吵两句嘴，但是他们也只是就事论事，绝不会伤了兄弟间的感情。这是因为他们从小就受到爷爷的影响，他们清楚血缘关系的重要性。随着年龄的增加，兄弟姐妹之间开始步入了社会的大家庭，包括学习、工作、结婚生子，所以兄弟姐妹之间的情感交流随之淡化了很多。兄弟姐妹虽然血浓于水，但是有时也会生气，也会有纷争，也会因为利益产生隔膜，甚至产生分歧。面对这种分歧和矛盾，如果仅仅是讲道理、争对错，而不考虑血缘关系，往往就会伤害到彼此。所以，爷爷经常讲的“亲的远不得”，应该就是指在处理家庭关系时，可以讲道理，但是一定要建立在血缘关系的基础上！爷爷经常跟父亲和叔叔说：“做哥哥的应该礼让弟弟，做弟弟的应该恭敬哥哥，要懂得长幼尊卑，在这个原则下再去讲道理，就一定能把关系处理好。”

在爷爷的教导下，同时也是在父亲和叔父的影响下，现在我和我弟弟在处理彼此间的关系时，也是一直遵循“亲的远不得”这个道理。现在，我和弟弟在一起工作，既是兄弟关系，也是合作伙伴关系，在工作中也经常出现观念上的分歧，有时候避免不了要来一场激烈的争吵，但是，争吵完之后也不会影响我们兄弟间的感情。

家风照亮我前行的路

左图是母亲抱着小时候的我，右图是我的儿子

家风不是“墙上挂着的”，而是“脚下走着的”

在我看来，家风就是一种无言的教育、无字的典籍、无声的力量，是对每一个人最基本、最直接、最经常的教育，可以全方位地影响家庭中的每个成员。我们家并没有挂着展示家风的文字，但是家庭中的每位成员却都能铭记于心、践之于行。

“要想公道，打个颠倒”是爷爷的处世原则。每当我在工作中与其他人出现意见上的分歧时，我也常常会站在他人的角度，然后从头到尾地再分析事情的始末，最后总是能找到更合理、更全面的解决方法；当我在生活中与妻子有不同的想法时，我也更愿意倾听她的心声，角色转换后再做决定；当我不能理解儿子的学习或者生活方式时，我也会先了解00后群体的特点，从他的生活环境和学习环境中去全面理解他。正是爷爷的言传和身教，我才领悟到了这么神奇的处世之道！

“吃得苦中苦，方为人上人”，这是父亲第一次对我说教，但父亲用一生去践行。父亲是我们村第一个做生意的人，他年轻时一边在县城工作，一边还要骑自行车几十公里回村帮母亲做农活、照顾老人和孩子。虽然很辛苦，但是从来没有听过父亲抱怨，他任劳任怨、吃苦耐劳的品质在他忙碌的身影中体现得淋漓尽致。

母亲没上过学，也不识得几个字，但是她却教会了我无私奉献、先人后己的做人道理。“鸡蛋总是少煮一个”、喜欢吃孩子们剩下的饭菜、第一个起床的人、最后一个入睡的人、十里八乡百姓口中的“勤快人”……这就是我母亲，做事情从来都是先考虑别人，最后才考虑自己，这种无私奉献的精神也直接影响我创办了卧云庐国学馆。

虽然没有成文的家风、家训挂在墙上，但是，我们兄弟姐妹都是在见证祖辈和父辈的言行中成长起来的。嘴唇和牙齿关系亲密，但是也有磕碰的时候。我们兄妹间就像嘴唇和牙齿，虽偶尔会有矛盾，但是深知“唇亡齿寒”的道理，谨记“亲的远不得”，并在彼此扶持、互帮互助中共同进步。

现在我们三兄妹也都有了自己的小家庭，夫妻恩爱，关系和睦，孩子们也都是在充满爱的家庭中成长，性格平和开朗，对生活产生美好向往。我们会在周末或者节假日，带着孩子一起回家看望老人。有一年春节，我们去看望父母，因为以往给他们钱，都是推来推去的，他们总是不收，所以那次我就直接放在枕头下面走了才告诉他们，结果父亲又专门辛苦跑一趟把钱送回来。还有一次，没有商量，就给父母换了一个大的智能电视，妈妈多次打电话说起这个，并且强调以后不要给他们买东西，家里什么都不缺。本想让他们享受大电视的快乐，可是却惹得他们不高兴了。所以，我们做晚辈的，也慢慢明白，要想对父母好，不是一定要给他们钱，也不是给他们买些新鲜玩意儿，而是对日渐年迈的父母有耐心，并用心揣摩他们内心的真实想法，不能我们自己想当然。

父亲母亲与孩子们

在我和弟弟妹妹的影响下，我们的下一辈很小就懂得尊重长辈、心疼父母、关爱兄妹。对我儿子来讲，最开心的事情就是周末回老家看望爷爷奶奶，每次见到爷爷奶奶都像个小大人一样，学着我们的口吻问来问去，“你们最近身体怎么样？”“家里需要买什么东西吗？”“要多穿衣服呀！”……每次都惹得爷爷奶奶笑得合不拢嘴，每次从奶奶家离开也都是恋恋不舍，还经常会悄悄问我：“爸爸，你有没有给爷爷奶奶多留点钱，让他们买好吃的？”从孩子的喋喋不休中，我能感受到他对爷爷奶奶的关心和疼爱，我想这就是家风的力量吧。“想让你的孩子成为什么样的人，首先你要变成那种人”。好的家风只有用实际行动传承下去，才会更有力量、更有生命力！

修身是一切的根本

《大学》中提到的“自天子以至于庶人，壹是皆以修身为本”，爷爷、父亲和母亲他们或许根本没听说过，但是他们却一直都在从“修身”入手来处理人与人的关系，也是从“修身”入手不断成就自己和家庭。

“物有本末，事有终始”，我们做任何事就是要抓住本才行。这个本就是修身。修身之本是放之四海而皆准的，放到任何人头上都是百分之百正确。不管是帝王将相还是普通百姓，从国家的最高领导人到我们这些平凡人家，统统都是要以修身作为自己的根本。父母以修身为本，就会积极修养品德，为家人营造和谐温馨的环境，为孩子树立光辉的榜样，做好孩子的第一任老师；孩子以修身为本，就会以孝当先，内孝父母，外报国家。总之，我们每个人只有以修身为本，才有可能处理好与家人、他人、集体、社会的关系，经营好我们自己的幸福人生，人人如此，实现和谐社会才有了大众的根基与保障。

修身之本在于正其心！愤怒的时候，心就不端正；有恐惧的时候，心就不端正；有贪图爱恋的时候，心就不端正；有忧愁的时候，心也不得端正。总之，喜、怒、哀、乐、爱、恶、惧，七情六欲，都会使人心受到各种影响。只有心不受到眼、耳、鼻、舌、身、意的影响，保持纯正，这是修身在正其心的根本。

现在回想爷爷提到的“打个颠倒”，不就是强调人的心不要因为利弊得失而不得端正吗？父亲的吃苦耐劳精神和母亲的无私奉献精神，都是严格要求自己、提高自我修养的表现，而不是要求他人如何做。

“其所厚者薄，而其所薄者厚，未之有也。”这也是一个很形象的比喻，说是一个人自己所重视的东西，就是“厚”。一个人自己所喜欢的、重视的东西，却希望别人不喜欢、看得轻一点，这是不可能的。你自己都爱财如命，却希望别人都视钱财如粪土，可能吗？你自己自私自利从不考虑别人，却希望别人大公无私，人人都对你无私贡献，这可能吗？根本是不可能的。

我与儿子

新儒商家风（中册）

现在我对自己子女的要求也只有一个：成为一个人格完善的人。希望他们能首先修养自身，做一个对他人、对社会无害的人，然后再思考如何做一个对社会有用的人。但是，这一切都应该是建立在“人格完善”的基础上，即注重“修身”。所以，我特别重视对孩子们的国学教育，因为在翻遍了所有的国学思想观点后，你会发现没有任何一句话或者一个字是对他人提出的要求，所有的道理都是要求自己的。因此，我认为修身是一切的根本，我们家的家风之源也是修身。

梦想的摇篮

我曾在卧云庐茶文化国学馆开业庆典中提到过，弘扬中华优秀传统文化是我自小种下的梦想，现在更是把它当作终身事业来做。国学就是力量，就是快乐，就是健康；学习国学，便能做到无怨、无悔、无忧。“我们没有权利去选择出生的时间和地点，面对当下不可选择的父母、子女、兄弟姐妹，该以什么样的方式来对待，这是生命畅达的一种方式。中国人说天有天之德、地有地之德，这种‘德’，就是自强不息、厚德载物。大自然的所有生命都来自天地，一切生灵都是天地所孕育化生。天是我们最终意义上的父亲，地是我们最终意义上的母亲。我们作为中国人，都要做父母的孝子贤孙。”作为中国人首先应该学习好儒家的孝、悌、忠、信、礼、义、廉、耻，因为“这就是中华文明的基因，就是中国人之所以为中国人的原因”。

前些年，我常常发现一个怪诞的现象：有些朋友事业做得很大，甚至在商业圈可以呼风唤雨，但是却找不到走向愉悦、幸福的大门，自己陷入迷茫，同时对孩子的教育也是一塌糊涂。甚至有个别企业家因为内心空虚而走向歧途、身患心疾。所以，我就常常思考人生，后来日渐明白：“人，不在于你拥有什么，而在于你如何拥有”，打开疑惑大门的钥匙就是修身。

为了能给人们提供一个能够修身养性、畅谈人生的时空，也是为了完成我长期以来的梦想，我创办了以茶为媒，志在打造集文化休闲、身心修炼、弘道明德、好书分享、探寻幸福为一体的文化空间和交流平台——卧云庐茶文化国学馆。很多朋友来这里品茶、作诗之余，也会问我一个很现实的问题：

“你这个地方是好，但是你怎么赚钱呢？”而我认为，相比于带来经济效益，我更希望它能带来更多的社会效益。学习国学，其实更多的是思考如何做人，如何做一个人格完善的人，只有这样才有可能为家庭、为社会、为国家做出更多贡献。这个想法也是我从我们家的家风中不断感悟出来的。

第五章　良好家风塑造幸福人生

孙键口述，陈丹玉撰稿

孙键，辽宁省锦州市人，心和塾塾长、心和儒商书院院长、企业家经营战略导师、资深创二代教育导师、博鳌儒商论坛大湾区副理事长、广东卫视《社会纵横》栏目主持人，华南师范大学硕士研究生毕业后曾留校任教十年。

我是孙键，我认为家风是一个人的加分项。它会凝固在每个人身上，变成一种外在的气质。拥有良好家风的人往往懂礼貌，知进退，遇事也能沉着冷静应对。而且家风不仅会影响个人的成长，还会影响他在工作、创业中的选择以及未来的家庭关系。接下来，我想和大家分享我的父母亲是如何通过言行营造家风，以及家风对我个人与事业的影响。

我的家庭：小小屋檐，浓浓温情

我出生在辽宁省锦州市的一个很普通的工薪家庭。

我父母亲都是1956年出生的，而且都是11月出生，都一样下过乡，在当时可以说都是干活的好手。在父母亲那个年代，男女经人介绍相识相恋非常普遍，我的父母也不例外。父亲母亲是经人介绍认识，据说都是彼此的初恋，婚后的那一年便生下了我。在那个时候，人们的思想都很简单、很单纯，父母无非上班下班，带带孩子，生活一切都按部就班，没有什么特别的想法。也许当时生活条件还比较一般，或者是整个大环境的影响，好像大家都在努力地生活、认真地工作，干活都非常卖力，帮别人干甚至更加卖力。

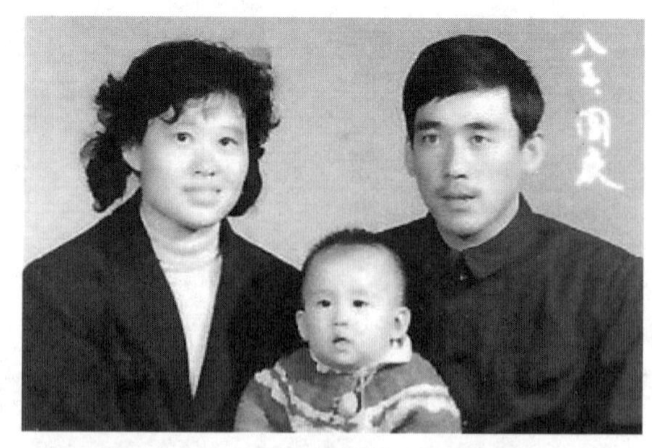

一家三口

母亲年轻时最大的物质梦想便是希望可以住上 100 平方米的大房子。可是现在想来，直到我大学毕业，父母亲大半辈子都是在老家的 40 平方米小房子里住着的。我家的房子是北阳台，南面没有晾衣服的地方。到了冬天，北边的阳台会全部结冰，和室外温度差不多，洗的衣服都得在父母亲的卧室里晒。而就是在那简陋狭小的老房子里，我见证了浓浓的温情。

小时候，家里条件并不富裕。印象深刻的是我刚出生的时候，我们一家还是和奶奶一起生活的，住在老房子的下屋（相当于偏房）。我和父母亲三个人挤在狭小的房间里，睡觉的时候我们三个人睡在一个炕上，而且还要搭一个凳子放枕头，这样腿才能伸直。现在回想起来印象还是很深刻：东北的冬天特别冷，下屋的炕又不好烧，所以每天父母亲下班回到家的第一件事便是烧炉子，有时候整个房间都是烟，熏得人很是难受。到了晚上睡觉前，父母亲还要给炕加一次柴火才能睡觉，也正是因为这样，前半夜里我在炕上被烤得特别难受，就好像热锅上的蚂蚁，时常在炕上翻来覆去。可是到了后半夜，加的柴火也只能是维持到凌晨两三点钟就没了，每次早晨起来的时候，鼻子、脸蛋都是冰凉冰凉的，只想窝在被子里不起床。

正是因为当时的条件太艰苦，母亲生完我之后大概五年时间都没有给自己买过新衣服。父母每个月 40 多块钱的工资，基本上只能维持一家人的温饱。

总的来说，父母亲性格差别很大，但性格迥异的两人却塑造了一个平凡而又不平庸的我。

童年时期一家人出游

我的父亲：润物无声，影响寓于无形

世间常道："父亲如山，父爱如水。"的确，在我的眼中，父亲如山般高大威猛，一身正气，他乐意为他人慷慨解囊，却也怕给他人添麻烦；父爱如水般温柔，对长辈的孝顺深深影响着后辈；父爱如雨润物无声，默默守护和滋养着子女成长成才。

父亲与母亲

慷慨，为朋友挺身而出的品格

父亲曾是一名军人，转业后调到铁路部门工作，做检车员。

父亲因为军人出身，平日里脾性较大。印象里有些事情稍微不顺，父亲便容易与别人争执起来，甚至很容易就和别人"干起架来"。

父亲虽然脾气急躁，却也是一个特别讲义气的人。直到现在，父亲和他的朋友、战友们还保持着非常频繁的联系。一旦朋友有需要，父亲总会两肋插刀飞奔过去支持。父亲现在都快 70 岁了，每次回到东北老家，他的战友们都来聚会。因为父亲的性格太仗义了，家里的亲戚朋友、战友们都愿意找父亲一起合伙做事情。母亲也曾为此担心过，生怕父亲这种仗义性格容易吃亏。每当父亲遇到一些棘手的问题或困难时，他却是非常倔强的，宁愿自己多吃点苦也不愿求助或麻烦别人。他永远不会对不起任何人，只有别人对不起他或者只有别人欠他的。父亲这方面的性格也对我产生很大的影响，现在的我也是这样，自己能做的绝对不求人；朋友需要的时候，我会尽最大的努力去帮助，从不欠任何人人情，也不找别人借钱。

孝顺，刻在骨子里的美德

爷爷在父亲当兵的时候就去世了，小时候陪伴我最多的就是奶奶。奶奶还在世的时候，过年大家都到我家，因为父亲是老儿子，我们和奶奶一起住，过年过节就很热闹。在北方，过年就是全家人一起热闹的日子，家人在一起才是年。

到了我上小学的时候，老房子动迁了，父亲租了一个房子，奶奶就去了我大伯家住。后来没过几年，奶奶也去世了。虽然全家经济上并不富裕，但是家里面非常重视奶奶的出殡，当时我父亲、我姑姑、我大伯他们都非常伤心，大虎山、沈阳、周围几百里的老家亲戚们都来了，葬礼该有的物件一个都不少。长辈们买了一块墓地，把爷爷奶奶合葬在一起。奶奶去世之后，过年全家人的聚会就是大伯、大姑家换着去，每年依旧都有着浓浓的年味。虽然小时候不懂得什么叫感恩，也没有人刻意教，但是记忆中父亲对奶奶的那份尊重和孝顺，以及奶奶去世后对奶奶的挂念，一直都还记在我心里。

父亲孝顺的品格深深感染着我。在我的印象里，在家风家训方面，我们家并没有什么明文规定，也不会要求必须把家风写下来。但有一件事情令我至今难忘，那就是每当我回老家时，父亲总会带我去爷爷奶奶的墓地上坟，尽管爷爷奶奶已经去世很多年了。印象中，我父亲对这件事很是在乎，所以在我的认知里，这种悼念已经离世长辈的仪式十分重要，这是我们对祖先或者逝去家人的怀念的一种表达。而这种方式一直延续到现在，变成了一种习惯，虽然这在家中并无明文规定，但我想，家风家训也许早已熔铸在我们习以为常的践行里了。

所以，在孩子成长的过程当中，培养他们懂礼貌、孝顺的品质真的很重要。在家中，我对自己的小孩并不会严格要求，但最为重要的一点就是要求他对爷爷奶奶好，对家中长者要怀有感恩之心。比如说看见儿子对爷爷奶奶不打招呼，我会非常生气，然后我会用非常严肃的方式来告诉他，做小朋友最重要的事情是懂得尊重，要懂得感恩。

深沉，融汇在无言中的温柔

父亲当过兵，脾气大，性子急，身边的人都怕他，我也不例外。

记得小时候奶奶喂我吃饭时，要是我不好好吃饭，父亲上来就是一脚踹过来。也许是人越老就会变得越温柔，若干年后父亲教育他的孙儿——我的儿子，与当年教育我时有了极大的反差。

有一次，儿子也不好好吃饭，我对他大吼一声假装准备出手教训他的时候，父亲迅速将我一把拉开说："你干什么？"然后父亲转身对着孙子笑脸盈盈地说："来，爷爷喂。"看到这一幕，我不禁感叹，时间真是一把无形的利刃，不仅改变了我们的容貌，也改变了父亲的脾气。不过，我小时候虽然从没享受过父亲的溺爱，但也经常感受到父亲无声的爱护。

记得有一年的大年三十晚上，天很冷，北风呼啸着，下着小雪。父亲骑着单车载着我去外婆家过年，晚上回家时却发生了意外。从外婆家到我家有一个很大的坡，去的时候是上坡，回来是下坡。在东北的冬天，下坡比上坡危险。

当时地面太滑，父亲好像没有刹住闸，突然一阵颠簸，自行车就这样侧翻了。我那时年纪还小，刚好坐在自行车前面的梁上，我非常明显地感觉到自己将要被整个自行车压在底下。但就在侧翻的瞬间，父亲做了这样一个动作：他快速地把自己垫到了自行车底下，抱着我，把手臂放在了我和自行车的中间。我们从坡上滑了下去，我就像被父亲抱着滑滑梯一样。但与此同时我也清楚地看到父亲的整个身体被自行车紧紧地压着。这个经历我印象特别深刻，也许那是第一次感觉到意外的来临吧。

一直到很久以后，我才懂得这叫作父爱。没有语言表达，却是那样坚实。在你陷入困难或危险时，父亲只会做一件事，那就是倾其所能，全力以赴地帮助你。

我的母亲：坚定温柔，助我奋勇前行

如果说父爱是深沉的，那么在我的眼里，母爱便是热烈的。我母亲的热情和乐观深深感染了我，可以说给予了我精神上强大的动力和支持。她热爱艺术，也带动我走上了艺术学习的道路，让我接触到了艺术世界的魅力，获得在艺术领域披荆斩棘的动力；她善良且富有感恩之心，在不善言辞的我与恩师之间搭建起桥梁，对我人生道路的方向产生了重要影响。

我与母亲

步履不停，勇敢追梦

母亲原来也是在铁路修理厂，她主要负责单位的宣传工作，经常写文章、写板报，还有当时单位在报纸上的一些报道。刚开始，母亲是政工干事，后来自考大学成为一名政工师，在铁路部门内退后去了渤海大学做老师，退休后又返聘到高中做班主任。

母亲从小就特别喜欢音乐。在她小的时候，外公曾经许诺过等母亲长大了送她到文工团去培养。小时候的妈妈很单纯，就这样相信了，一直在等外公把她带去文工团。直到我出生后，她才意识到去文工团学习是不现实的了。

二十世纪五六十年代，那时候家里的条件确实很穷，真的是到了吃了上顿没下顿的境地。有时候家里面没米了，还要到邻居家去借米吃。可是母亲仍然喜欢唱歌，热爱舞台，而且一直没有放弃这个爱好。无论是在铁路修理厂还是后来到了学校工作，她一直都是舞台表演的常客。直到后来我在华南师范大学毕业留校工作后，把母亲接来与我同住，62 岁的她加入了天河公园的老年艺术团，成为乐团的主唱歌手，她终于拥有了属于自己的追梦时间，开始了她到各大养老院的巡回公益演出。

母亲这种对自己梦想的执着追求、永不放弃的精神，就是榜样的力量。可以说，我人生中的很多决定及转折都离不开母亲那份执着和坚持的性格对我的影响。

热爱艺术，带动我踏上艺术之路

在我小时候的记忆里，父母也会吵架。关于我学习音乐这件事，父母就曾为此争吵过。母亲喜欢音乐，喜欢艺术，坚信人是需要艺术的熏陶的，而且她认为孩子必须有一技之长，所以便有了让我去学习音乐的想法。

然而当时还是很多人反对的。一来是认为学音乐没有用，以后也未必就能从事这方面的事业，还是好好学习文化知识，将来找份踏踏实实的工作更靠谱。二来是觉得学音乐太费钱，当时学习的费用其实还真的是挺高的。父亲多少会受别人意见的影响，一开始就有些反对。但是在母亲的坚持下，父亲最后也同意了。就这样，八岁的我便与舞台结缘，开始了我的艺术学习之路。

母亲带我去学习声乐课时，我很清楚地记得那老师家里有两台钢琴。后来我才知道老师是著名歌唱家佟铁鑫的父亲，是母亲读书时的音乐老师。我最先是从声乐开始学习，然后是学习小号，后面选择了学习萨克斯，就这样懵懵懂懂地学习了很多的乐器。一直到了小学四年级的时候，母亲带我参加了沈阳音乐学院附属小学的入学考试，由此正式进入艺校读书，开启音乐道路上更加专业化的学习旅程。

受母亲影响，学习萨克斯

善于鼓励，给予我选择的勇气

在我大专毕业后，有一份相对稳定的工作已经向我抛出橄榄枝——在老家一所中学当教师。此时我又一次面临人生重要的选择：要不就留在老家好好工作；要不就放弃这份工作，重新参加高考，考上理想的大学。当时我当然是倾向于后者的，因为我不满足于只获得大专学历，不想一辈子待在老家，总觉得年轻人就应该出去看看外面的世界。

但这个抉择让我的内心非常挣扎，因为如果我考不上理想的大学，不仅丢了大家都羡慕的教师工作，也会浪费一段宝贵的时间。

对此，父亲坚持认为当老师挺好的，体面又稳定。然而，当时母亲跟我说了这样一句话："儿子你想清楚了吗？你想清楚了，妈妈就支持你。"

对于当时的我来说，尽管母亲话语里没有"梦想"这个词，但这也为我播下了一颗小小的梦想种子，为我指明了一个方向，似乎是在告诉我：想做什么就勇敢地去做。我想，也许是母亲当时上了一定年纪，很难做到想做什么就做什么了；也许是母亲更能够对我内心的想法感同身受。父母亲在这件事上有着截然不同的态度，我想这和他们的职业与经历有着密切关系吧。

后来我还是毅然放弃了那份不错的工作机会，决定重新参加高考。

最终，我以优异的成绩考入了位于广州的华南师范大学。现在看来，我的成绩与母亲对我从小学习音乐的坚持和引导密不可分，是母亲一直在背后支持我、鼓励我，给予我下决心重新参加高考的勇气。

父母参加我的毕业典礼（华南师范大学）

常怀感恩，提醒我不忘恩情

或许母亲当过教师，也做过学生工作，所以才深知教师对学生的影响是很重要的。我印象很深刻的是，我刚上大学的时候，每个假期回家都会和父母亲聊聊学校发生的事情，特别是受到老师照顾的事。那时候我还不知道，原来母亲很早就把我所有老师的电话号码都记下来，每逢节假日，她都会发信息问候我的老师。

在毕业多年之后，母亲仍然时常会告诉我："你有今天的成绩都是因为老师对你的帮助，你绝对不能忘记你的老师。"直到现在，她仍然会时不时地给我的老师发信息，即使她的老年按键手机太老旧了，在写短信的时候会遇到些困难，但是她依旧坚持着做这件事。而且每到过年过节，她和父亲都会带着自己亲手包的饺子和东北最有特色的油炸的小果子，去到我老师家串门，或者让我打包好挨个送给老师们。

刚开始我有点不理解母亲的做法，甚至还觉得我们送吃的，别人也不一定爱吃，也没啥价值。后来有一次和学校老师聚餐，他告诉我，每年都会收到我妈妈发来的问候信息，而且妈妈每次都提到等她来广州就给老师包饺子吃。那时老师觉得是客气话，可是真的收到我妈妈包的饺子后，才知道我妈妈是一个非常有心的母亲。老师还说，他对我的印象很多都是从我父母的信息中得到的，看到我父母如此做人做事，对我的信任也增加了几分。

我想，正是我母亲坚持教导我要感恩老师，并且不断在我和老师之间建立连接，才使我对教师和教育行业怀有一颗敬畏之心，这也对我后来就读师范院校，并且毕业后选择留校任教产生了深远影响。

家风之影响：好家风助我成长成才

家庭中只有营造出良好的家风，才能助力孩子健康成长。于我而言，好家风便是即使家庭清贫，也不放弃对孩子教育和培养，这对塑造孩子丰富的精神世界和道德品质有深远影响。好家风是家庭成员间的鼓励和理解，并不是一味苛责和打压，只有家庭成员沟通顺畅、互相鼓励和理解才能齐心协力面对难题，才能打破家庭面对的困境。

一致的教育理念：生活再苦，也不吝惜对孩子的培养

虽说当时正式进入艺校读书，大家都觉得不错，但是高昂的学费对于并不富裕的家庭来说也是很大的压力。那时候，父母的收入是每个人每月300元左右，而我一年的学费是5700元。我还记得第二年开学时，是向亲戚借了钱才把学费交上的。

当时能读上艺术学校的同学，家里条件其实都是相对不错的，很多同学上学或者放假都是有车接送的。但当时我的父母亲为了来看我,需要先坐火车，到站再换乘汽车，最后再步行才能抵达我们学校。有几次父亲和母亲来看我，在回去的路上他们会把地上的易拉罐捡起来一起带走，旧易拉罐回收还能卖点钱，当时捡10个易拉罐，就能换一块钱用来坐汽车。可想而知，为了供我上艺术学校，父母亲生活上是多么拮据。

就是在这样的情况下，我深知我和其他同学是不一样的，我必须靠自己。

尽管我在学校是包吃住，并没有额外花钱的地方，但经济紧张的父母亲仍然坚持每周给我十块钱的零花钱。而且从小到大，家里但凡有点好吃的，父母亲从来都不舍得吃，永远都会留给我。

我记得高考那天，父亲亲手做了好几个菜，还有平时很少吃到的大海虾，但父母亲一只虾也没有舍得吃，全给我留着了。

现在回想起来，父母亲总是把最好的给了我，就算自己再辛苦也能咬牙坚持，但在儿女的培养上却完美地诠释了“生活再苦也不能苦了孩子”的理念。

什么是大爱？大爱就是无条件的爱，是父母养育孩子不论回报，却可以省吃俭用，甚至不吃不喝，也要把钱存下来，为孩子提供最好的环境，让他去上最好的学校，买最好的乐器。“慈母手中线，游子身上衣。临行密密缝，意恐迟迟归。谁言寸草心，报得三春晖。”时至今日，我仍然觉得这份爱是父母在我的童年送给我最好的礼物。

16岁那年，我参加辽宁省器乐比赛获得了一等奖，当时很多人对我给出了“天资聪慧，勤奋踏实”的评价。但其实不是的，我也曾是一个放荡不羁

的轻狂少年，若不是父母亲对我不计回报的支持和付出，我便不可能拥有鲜花与掌声。

鼓励与理解：助我直面人生转折

毕业后，我留校工作，成为一名大学教师，也通过参加广东电视台的全国主持人大赛，成为广东卫视《社会纵横》栏目的主持人。于我自己而言，每一段经历都是学习和积累的过程。

大学教师的身份让我收获了很多人的尊重，教书育人也让我很有成就感。而广东卫视主持人的身份，则让我有了更多发挥口才和专业能力的时刻，而且每每外出参加活动，也有很多人邀请我为座上宾。

但渐渐地，长期在聚光灯下的我发现了问题：这些体面职业带给我的“光环”真的是我想要的吗？在什么样的岗位上我才能真正实现自己的人生价值？

经过一段时间的自我反思，我明白人生每个阶段都应该有不同的选择。这些选择会变成一股向上的力量，牵引着我们探寻更优秀的自己，然后走得更远。因此，我决定跳出舒适圈，卸下高校教师和卫视主持人的“光环”，毅然走向创业之路。

当然，最开始做这样的决定很艰难。普通人或许很难有勇气跳出舒适圈，因为未知的风险太多了，前路到底是天堂还是地狱真的是不得而知。所以，父母刚开始并不同意我离开大学。但母亲一向能够理解我的想法，她告诉我：“儿子，只要你是想清楚了的，你的任何决定妈妈都支持。”正是母亲这样简单又充满力量的话语，让我坚定地实践自己的想法，也让我从此在心中种下了一颗理想和勇气的种子。

我相信母亲一直就是最懂我的那个人，无论结果如何她都会支持我。当然后来我父亲也松口了，其实他刚开始反对也只是不想我太累，他很担心我在一条没走过的路上奔忙会太辛苦。

最后，在父母亲的理解和支持下，我毅然地走出了舒适圈，辞职创业，勇敢地迎接全新的挑战。

沉淀品质产生深远影响：助我直面创业挫折

也许提到创业，很多人会以为创业者都是以利益为中心，想用最短的时间赚到最多的钱。但我不这样认为，因为我一直受到父亲的影响。曾经是军人的他对朋友从不计较回报，对待工作也相当自律，执行力特别强。所以在他潜移默化的影响下，我也养成了做事认真负责的态度。在创办“心和教育”之初，我们就强调要有“匠心精神”，其本质就是纯粹，不为名利所动，不为钱财所动,只为自己的心动。所以在我看来,“心和”就像是一个拥有自己性格、胸怀利他之心的人，可以帮助学员变得积极向上。

有人说，创业就是在一条孤独的路上不断试错。我的创业之路也经常有不被理解的时候。比如，公司团队伙伴会因理念不同而选择离开；有的学员也会因为理念不同而没能一起继续学习。

心和塾日本研学

每个人都有自己的价值观和定位，有些人会因为拥有相同的理念而走到一起，有些人则会因为拥有不同的价值观而分道扬镳。俗话说，“路遥知马力，日久见人心。”意思就是，时间长了，和我们理念相同的人终究会理解我们的做法，支持我们的选择。因此，价值观的匹配，是决定我们最终是否能够走到一起的重要因素。

选择很重要，但倾听内心的真实声音更重要。当我们拥有追逐目标的信念时，我们就会有不断向上的力量，推动我们去不断调整甚至改变我们的人生轨迹，拥抱一个全然不同的自己。我希望每个人都能真正付出自己的努力，扎扎实实地做好自己该做的事情，然后收获好的结果。

家风之感悟：好家风是永续发展的根基

好家风关乎个体成长，也是家庭、家族永续发展的不竭动力。于我而言，结合我的工作经历以及后来的创业经历，我认为好家风需要传承和弘扬，让新一代学会感恩、尊重与爱；同时好家风也能助推事业的发展，必须将家风带到企业中去，做到教育报国，成就团队，感恩贵人。

将家风传承给后代：学会感恩、尊重与爱

一家同游锦州世博园

虽然我也是在做教育，但是坦白说，我在自己孩子的教育上投入的时间并不够，因为工作很忙，经常出差，因此我经常会给儿子写信，平时听说他的表现后，我会给他写小纸条。比如说当他在某些方面取得较好成绩，我不管多晚，不管多累，都会写张纸条给他，告诉他“今天爸爸收到你这个消息特别开心，期待你继续加油，成为更棒的自己”等话语。儿子也会把我给他写的纸条放在他的桌面上，甚至会挂起来。有了这种写信交流的方式后，我

发现儿子还会把我写给他的内容都背下来。我知道虽然我们没有面对面交流，但是他能感受到我对他的肯定和鼓励，能体会到我对他的爱。

而关于他的未来要成为一个什么样的人，从事什么样的职业，我认为父母只能做一个引导，给一些建议，未来还需要孩子自己去努力，这或许也是母亲对我的教育启发。每个人的人生总是会有多种可能，有的孩子喜欢唱歌，有的孩子喜欢打球，有的孩子爱好音乐，有的孩子喜欢竞技游戏，不同的孩子都有自己喜欢的东西。在他喜欢的这件事情上，他可以纵情地去投入，甚至不惜用自己吃饭睡觉的时间去做，说明这个孩子内心当中是有能量的，只不过我们要注意把这个能量往好的方向引导。如果引导好了，他将来可能是个政治家、科学家或企业家，但是如果引导不好，他甚至可能是一个罪犯。

而作为父母的我们，要教导孩子养成懂感恩、懂礼貌、有目标、要自律等基本品质，为他的未来打好基础。而孩子的未来发展应该如何规划，这需要孩子们依据自己的兴趣和爱好去设定。他的未来能达到怎么样的高度，则需要孩子个人付诸行动和努力。

将家风融入企业：教育报国，成就团队，感恩贵人

在我看来，家风是一个人的加分项。它会附着在每个人身上，变成一种外在的气质。有着良好家风的人往往懂礼貌，知进退，遇事也能沉着冷静应对。而且家风不仅会影响个人的成长，还会影响他在工作中的选择以及未来的家庭关系。

我们常说原生家庭的影响，意思就是每个人都会在原生家庭中吸取到或多或少的能量，只不过这些能量有强有弱，有大有小，有正有邪。当我们吸取到家风的能量后，自然而然便会运用在为人处世上。

回想前半生，我的很多选择和决定都与父母亲营造的家风有关。包括我在创办“心和教育”之初，立下的三个企业文化——教育报国、成就伙伴和感恩贵人，也都是从父母的言传身教中领悟出来的。

我之所以选择教育行业，很大程度是受我母亲的影响。我的母亲是一位教师，平时非常热爱读书和学习，现在 60 多岁了依然在践行“活到老，学到老”

的思想。在她的影响下，儿时的我渐渐感受到学习的乐趣，因此才有了后来投身教育事业的选择。

首先，创业之后，我接触到了稻盛和夫和松下幸之助的一些经营理念，其中“产业报国”的理念深深地启发了我。松下幸之助在创办企业时，是抱着一颗爱国之心来做事情的，他希望通过发展实业来助力国家的经济发展。当时的我也在思考，经营的本质到底是什么？企业是社会的公器，我们经营企业的目的是为了这个社会更好、民族更好、国家更好。既然别人可以把产业报国作为企业的经营理念的核心，那么我们又是否能以教育报国呢？

正如我常说的：“大成必有信，言出必助人。”从那时开始，我就很用心地钻研心和塾的课程。我希望每一位学员在心和塾上课后，都能有所收获。特别是企业家学员，他们中有些人的公司规模达上千上万人，如果企业的领导者在心和受到了正向的影响，那回到企业后他将持续影响更多人。而且外国的一些百年企业，不仅以匠心精神著名，还助力国家经济的发展。我也很希望心和塾的企业家学员能实现“企业永续，家族传承”的愿景，最终做到以商报国。

因此，我常常告诉心和塾的伙伴，我们作为一家教育公司，一定要肩负起社会责任，要为所有学员、为这个社会带去更多正能量。

其次，“成就伙伴”的企业文化，也与我父亲教给我的“做人要讲义气”息息相关。父亲性格仗义，常常喜欢帮助人。在我很小的时候，他就告诉我：“做事要对得起身边的人，不能辜负别人。”所以我在管理公司的过程中，特别关注公司成员的成长和发展。不管我再忙再累，我都会尽最大的努力去成就自己的伙伴，无论公司的发展状况如何，都会尽最大的努力将伙伴们的利益放在第一位。比如去年疫情暴发，公司的线下课程遇到前所未有的瓶颈，四个月没有开课，但我们还是尽最大的努力每个月给大家正常发放工资。而到了年中和年末，我们也设置了半年度工作汇报，根据每个人的工作情况对其进行加薪等奖励。

可以说，“重情义”就是我们公司的企业文化，我们不会亏待每一位用心做事的伙伴。

最后，“感恩贵人”，与我母亲一直叮嘱我感谢老师有关。我大学毕业后留校工作，而后通过比赛进入广东卫视当主持人，可以说那时候的自己是意气风发的，很多时候在人前都会表现得锋芒毕露。当时，我们学校团委一位老师看到我的状态，就语重心长地提醒我：“孙键，你得低调一点，踏实一点。”当时尚有些年少轻狂的我，还不知道什么叫“踏实”。但是后来随着年龄和阅历的增加，有了一些经历后，我渐渐明白老师话里的意思：他是在保护我，不希望我受伤。生活中我们要低调做人，工作中我们要高调做事。我们即便再有能力，也不要随意去让别人感受到你的盛气凌人。

所以谦虚、低调、踏实、感恩、敬畏，这些词语一直都在我的耳边回荡。十几年过去了，我依然不敢掉以轻心，做每一件事情都如履薄冰，始终怀着一颗敬畏之心。

记得在大学期间我竞选团委干部时，团委老师对我说：“孙键，怎样才能成为一个好的学生干部？你要明白‘得道者多助，失道者寡助’。无论做任何事情，民心所向才是成功的必备条件。如果不能获得大家的信任和支持，就永远不会成功。”后来，这句话也成为我人生的座右铭。经营的本质，其实就是在经营人，而经营人的本质就是经营人心。只要人对了，心对了，事情就对了。我们要打动小伙伴，为他们着想，给他们提供机会，点燃他们的激情，坚定他们的信心，自然而然就“得道”了。上下同欲者胜，公司的发展就会不断向上。

与父母同游山东曲阜

结　语

国有国的文化底蕴与传承，家有家的文化建立与积淀，家是人生开始的地方，修身齐家方能治国平天下。《古今图书集成·家范典》有云："传家两字曰读与耕，兴家两字曰俭与勤。"家风，影响着一个人的品质和行为，更影响着一个家族的兴衰荣辱。好的家风，可以指引每个家庭成员拥有共同的目标、共同的方向，积极向前，创造更美满的家庭与持久的事业。而家风的形成，无关家庭贫富、父母文化程度，所关涉的乃是父母的德行素养。

正如教育家马尔库沙所言："孩子的目光就像永不停息的雷达一样，一直在注视着你。"他们幼小的心灵就像一片荒野，如果不播种善良，就会被杂草淹没；如果不耕耘高尚，就会蔓延低俗。家风通过日常生活影响孩子的心灵，塑造孩子的人格，是一种无言的教育，它对孩子的影响是全方位的。

"修身、齐家、治国、平天下""忠厚传家久，诗书继世长"，是中国传统家风的共性。尤其当今，子女本就不多，生活条件较好，社会物质丰富，更应加以防范。因此，明智的父母，要把良好的道德修养、人格风范留给子孙，把清风留给后人，这才是无价之宝，希望今后越来越多家长可以静下心来，学习中国传统文化，从中感悟家风家训的打造和传承。

第六章 六盏明灯

于建环口述，吴佳敏撰稿

于建环，高级工程师，烟台开发区人大代表。1983年毕业于东北大学黄金学院采矿系，从事矿山设计研究三十余年，曾任烟台黄金设计院总经理职务，现任金鹏集团董事长。博鳌儒商标杆人物。金鹏集团自2006年成立至今先后研发了几十项专利产品及技术，并在业内率先推出选矿试验研究、工程设计、设备制造、安装调试、人员培训EPC总包服务模式，精准的服务使国内外上百座大中型矿山受益，深受客户好评。近年来，于建环董事长带领团队一直奋斗在“一带一路”上的多个国家，建设三十多座金矿，把先进的技术和设备出口的同时，也把中国的国学文化带到世界各国。金鹏集团不忘初心，牢记使命，为世界矿业振兴而努力工作。EPC总包服务服务过上百座利税过亿元的矿山，为中国的经济和世界的经济做出了自己的贡献。

我是于建环。我所理解的家风，是一种融进骨血里不可磨灭的记忆——对父母亲的生活、行动、言语等诸多细节的记忆；是一种可以向内寻找的力量，抑或是藏在眼里指向远方的方向——父亲的负责担当、吃苦耐劳，母亲的勤劳俭朴、善良厚道，都潜移默化而又深刻持久地影响着我；也是一种紧紧牵动着我走向社会、国家的引力，如一盏盏永不熄灭的明灯，照亮我内心每个角落，让我心中有国、脚下有路、顶天立地。现在谈谈我所理解的、我父母留予我的宝贵的家风。

小家风、大国风

咱们中国人有春节贴对联的传统，有副传统对联是很多人家的选择："忠厚传家久，诗书继世长"。风吹日晒，字迹或会模糊，但好家风却会如化雨春风，护着家、护着心、护着国。

为什么要讲家风？家风是国风的涓涓细流，关系国家和社会的和谐稳定。"家风正，则后代正，则源头正，则国正。"好的"家风"不是一天两天就能够养成的，它需要长期的"润物细无声"。对于青少年来讲，要经过长期的耳濡目染，自我修炼。从这个意义上讲，上一代、老一辈，就应当起到一个正面影响的、潜移默化的引领作用。身教重于言教，为人父母、长辈，对于养成好的"家风"，其作用举足轻重。家风也是一个家的一种道德标准，就如同粮食一般，是一种必不可少的成分。孩子是祖国的未来，家庭长远影响着孩子们的一生，所以良好的家风对我们来讲很重要，每个家庭都应该形成良好的家风，好的家风应该代代传承发扬下去！

家是我的起点，我从家出发，通过企业，联结着国家。作为一名中国人，我深知国和家是一个命运共同体，家是最小国，国是千万家，好的家风连成一片，缔造好的国风，助力国运亨通。作为一名企业家，我深知国家和企业的前途命运紧紧相连，呼吸与共。企业是我的大家，员工是我的家人，我通过企业联结着祖国，我关怀员工如同自己的家人，营造和形成好的企风。跟好的家风积极影响国家和社会的发展是一样的道理，好的企风才能助力企业发展，并影响每一名员工成长，最终助力国家发展。金鹏的文化是：军队＋家庭＋学校，有严守的安全纪律和诚信生命线，有家人般不抛弃不放弃的关爱，有身心愉悦、共同成长的好氛围，经过15年的坚持，见证15年的努力，我深知，文化的软实力其实是企业战略的硬实力，好“家风”对金鹏而言意义深远！“创新、厚德、责任、感恩”是金鹏人的号角，厚重文化助力金鹏成长。在积极推动“一带一路”建设过程中，金鹏是“一带一路”建设先行者，每一座矿山、每一个金鹏人，是金鹏也是国家闪亮的名片。十八大以来，国家致力美丽中国生态文明建设，其中也有金鹏默默坚守的身影，“绿色矿业、低碳矿业、智能矿业、创新矿业、和谐矿业”始终是金鹏前进的目标和方向。为五湖四海每一座矿山，金鹏人汗洒五洲，以“诚”感动世界，用“心”服务世界，迄今已有60多个国家的山山水水遍布金鹏人的足迹，体现着国之大者。如今金鹏大家庭里，人人都学《弟子规》，管理人员都在学《中庸》和“王阳明心学”，通过学习，我们修一颗善心和诚信，真诚对待每个人，至诚如神。美由善心来，心似莲花开。尊德问学、修己安人，是我的人生信条。从小我的父母教会我一分耕耘，一分收获。今天我亦明白付出多少尊敬，就有多少收获，让员工有所长，让企业有所进，从而让国家更加繁荣、昌盛、富强。经营企业和经营人生一样，修行、修德、修心，让生命从容，拥有饱满的人生，以一点浩然气，乘千里快哉风。小家风，大国风，说的是起点为家，终点为国。其实，起点是家和国，终点是自我修行。

明灯在心上

你问我家风是什么？夜深风起，我想到的是一幅幅具体的画面。比如：一条很长很长的路，我走在上面，脚步或疾或徐，没有停歇。路的两边，便是一盏盏明灯，发出微微的光，足够照亮我前行的每一段路。比如：亮起万家灯火的夜晚，其中有一扇窗内传来你熟悉的欢声笑语，疲惫的脚步渐渐变得轻盈，那灯火闪耀处，便是心的港湾。每每脑海里浮现这些画面，思念之情萦绕心头。家是我来处，亦是我归途。家风，如影随形，伴我前行，就像一盏盏亮在心头不灭的明灯。

中国人素来家国情怀深厚，年少不离乡，壮年他乡望故乡，年老就朝求暮盼落叶归根，古时候将领最后也不过解甲归田。可见家在人的一生中占据着无比重要的位置。家里的细碎冷暖会有时光记忆,有家就有家风。家庭是圃，孩子是苗,家风如雨点,它随风潜入夜,润物细无声,小苗只有在雨露的滋润下，才能健康成长，孩子只有在优良家风的熏陶下，才能出类拔萃。著名作家老舍曾在《我的母亲》一文中写道：“从私塾到小学，到中学，我经历了起码有几十位教师吧,其中有给我很大影响的,还有毫无影响的,但是,我真正的教师，把性格传给我的，是我的母亲。母亲并不识字，她给我的是生命的教育。”这短短的一段话，朴实的字句中包含了世间最基本的情感，那是对母亲最深的思念和最直接的感激之情，它轻而易举地打动我，引起我无限的共鸣！同时，也反映出家风的巨大影响力：如雨的家风，曾那么深刻地影响着这位文坛巨匠的一生。是的，一个人不一定要出身于“书香门第”或是“高墙大院”，哪怕来自寻常人家，甚至长于“贫民之家”，能有好的长辈引导教诲，能有好的家风长期浸润，也将使一个人受益终身。

在我漫长的人生中，我的身上深深地烙上了家风的印迹：忠于祖国、孝敬长辈、勤劳节俭、诚实守信、善良友爱等，它们是我人生路上的盏盏明灯，让我受益一生，在我的学习和工作中，产生了重要的影响。

第一盏明灯：忠于祖国

在我为数不多的童年记忆里，有这么一个故事牢牢地焊在我的认知里，是我母亲草草讲的“精忠报国”。记忆中她没有华丽的辞藻，甚至可能只是简单交代了人物和事件，如同速成的简笔画。但是这个故事对我影响深远，此处用浓墨重彩来叙述才更恰当：崇宁二年，汤阴县永和乡孝悌里，一个薄雾溟蒙的清晨，一个哭声洪亮的男婴在一个破旧而干净的农家小院里呱呱落地，正值北辽屡屡犯境之际，男主人岳和有感而发，于是给儿子起名为岳飞，期盼他能重整山河。19 年后青年岳飞向母亲表达了以身许国、意欲上阵杀敌的辞别之意。岳母并没有挽留儿子，而是大义凛然地勉励他为国尽忠、以忠为孝。出发之前，岳飞长跪在母亲面前，母亲毅然在他背上刺下“尽忠报国”四个大字，作为送给他的家训。岳飞血战沙场，北伐抗金，誓要收复河山。他驰骋沙场近 20 年，经历战役一百余次，百战百胜，让金人闻风丧胆。收复六郡后，宋高宗“手书‘精忠岳飞’字，制旗以赐之”。从此，“尽忠报国”便成了“精忠报国”。“尽忠报国”，是岳母教导岳飞的家训、家风；而“精忠报国”，则是岳飞回馈中华民族的国训、国风。

伴随着这个故事的，是忠于祖国的爱国之情深深地扎根在了我心里。如今每次回想起来，母亲那瘦弱娇小的身躯便在我心里变得形象伟岸高大起来。爱国，忠于祖国，便是我的母亲、我的家庭给予我的第一个如明灯一般的家风影响。父辈那一代人经历过硝烟和饥荒，在成长过程中切身感受到“皮之不存，毛将焉附”和唇亡齿寒的道理，深深明白个人和社会、个人和祖国之间紧密相依的联系，没有大国崛起，哪有小民尊严？没有民族振兴，哪有人民幸福？所以我深深懂得忠于祖国这个道理，并切实在我创办金鹏集团和经营金鹏的行动上时刻践行。金鹏集团从一个小公司发展到今天的规模，为中国和世界各类矿山提供选矿试验研究、工程设计、设备制造、安装调试、人员培训的一条龙服务商，成为一只质求高远、精无止境、超越巅峰的矿机生产行业雄鹰，已有 15 个年头。长期以来，金鹏集团的企业使命是“帮助矿业成长，富强我的祖国，为世界矿业振兴而努力奋斗”，我们立志发展成为中国乃至世界最优秀的矿机供应商，并为之不懈地努力，以推动全国、全球矿业生产和经济的发展。近年来金鹏集团积极响应国家政策，传承以和平合作、开放包容、互学互鉴、互利共赢为核心的丝绸之路精神，积极参与“一带一路”建设，努力做“一带一路”建设的先行者，为“一带一路”建设添砖加瓦。积极响应共建“一带一路”的政策，公司生产的矿山设备畅销全国各地，并远销俄罗斯、哈萨克斯坦、蒙古、朝鲜、越南、柬埔寨、加纳、圭亚那、尼日利亚、马来西亚、菲律宾、坦桑尼亚、印度尼西亚、玻利维亚、缅甸、苏丹、南非等 40 多个国家和地区，先后在苏丹、津巴布韦、马来西亚、智利、伊朗、缅甸、玻利维亚、加拿大等十几个国家承揽矿山一条龙服务，为中国经济和世界经济做出了巨大的贡献，推动“一带一路”发展，在把中国金矿建设的先进技术和设备带到世界各国的同时，也把中国的传统文化带到世界各国，让更多国家了解中国和中国伟大的文化。

第二盏明灯：孝亲敬长

孝，天之经，地之义，民之行也。父母亲的心是儿女的天堂，“孝”自古以来就是中华民族的传统美德。孝敬父母的人历来受人称赞，获得人们的尊敬与信任。而不孝之人则会遭到他人的谴责和鄙视。每当我看到这个“孝”字时，我总会想起我的父母、我的祖父母、我的曾祖父母、我的高祖父母……他们身上重复演绎着“孝”的故事，将孝道传给子，子传给孙，子子孙孙，代代相传。中国传统文化中“孝”文化源远流长，也许一千个中国家庭里应有一千个动人的有关孝顺的故事流传吧。我对孝顺之理的习得，同样来自我的父母亲。作为普普通通的农民，我的父母亲并没有华丽的辞藻，但他们擅长用最朴实的行动有效地让我知道并记住，什么是“孝”。记得小时候，逢年过节或有重要客人来访，家里隆重地包了饺子或者做了好吃的饭菜，父亲和母亲总会第一时间端给我的爷爷奶奶，让他们先吃。或是让我们几个兄弟姊妹一起端上一盘送给爷爷奶奶先吃。年下，圈里的猪崽养肥了，屠户宰了变现，但给主家留下一些猪的肝脏、一两块瘦肉以及一碗猪血。我的母亲便会将那一点点猪肝和瘦肉用来熬一锅肉汤。汤煮开了是白的，只需要放一点点盐调味，屋子里就肉香四溢，这是一年里最馋的味道啊。肉汤煮好了，我的母亲便盛满两碗，先端给我的爷爷奶奶。我们在边上光是闻那漫溢的肉香味就幸福得无以言表了，眼巴巴地看着两碗肉汤放在爷爷奶奶面前，使劲地吞口水。然后轮到我们兄弟姐妹小心翼翼地凑到灶台边，又小心翼翼地捧起属于自己的那小小的一碗汤。爷爷奶奶不舍得吃碗里的肉，总是吃一两块，然后从自己碗里把肉夹出来，平均分给我们吃。很久很久以后的现在，偶尔做梦还会梦到这一幕。孝敬长辈，尊老爱幼，这不是一句空话、大话，而是这么一个经常出现在梦中的令人怀念的情节。梦里也能闻到肉香，那是回忆深处的香气，是我的父母亲孝敬长辈、我的爷爷奶奶疼爱幼小的家风，是淳朴的亲情，深深铭刻在了我心上。另外就是，逢年过节，无论多忙，我的父母亲都会抽出时间去帮爷爷奶奶家打扫，将爷爷奶奶家收拾得井井有条。我们那会儿还小，跟在后面也会主动帮父母分担，共同把爷爷奶奶家打扫干净。这样的孝亲之举不胜枚举，这样的环境也潜移默化地影响着我们几个兄弟姊妹，在我的父母晚年时光里，兄弟姊妹们有钱的出钱，有力的出力，使得他们的生活老有所依，老有所靠，幸福安康。

其实，“孝”不仅仅局限于对父母之孝。早在战国时期，孟轲就提出了自己的观点。他在《孟子·梁惠王上》中说：“老吾老以及人之老，幼吾幼以及人之幼。”意思是孝应该与尊老爱幼联系在一起，提倡在孝顺自己老人时，也要把这份感情推及别人的老人；养育自己的孩子时，也要把这份感情推及别人的孩子。在赡养孝敬自己的长辈时不应忘记其他与自己没有亲缘关系的老人；在抚养教育自己的小辈时不应忘记其他与自己没有血缘关系的小孩。《弟子规》里说得好，“首孝悌，次谨信，泛爱众，而亲仁”。孝敬长辈、尊老爱幼的家风，使我对每一名员工也倾注了深厚的情感。作为公司的大家长，集团现有职工500多人，员工里有我的长辈、我的子女、我的兄弟姊妹。当员工家里遭遇变故的时候，公司及全体员工都会向他伸出爱的双手，帮他渡过难关。逢年过节，公司也都心系每一位金鹏人及其家属，为他们精心准备各种爱心礼品，表达着公司对他们的深切关心与感激之情。例如今年六一儿童节，金鹏集团为小朋友们举办了丰富多彩的庆祝活动，隆重地举行了“我是‘金鹏大明星’”的线上比赛和为期两天让人难忘的“亲子采摘大樱桃”的活动，并隆重举行了盛大的“六一儿童节”庆典活动。非常感谢金鹏集团各位小朋友的积极参与，小朋友们对爸爸妈妈的爱和对爸爸妈妈工作的支持让我很是感动，看着他们茁壮成长，我也非常高兴。其实小朋友们也在和金鹏一起成长，他们爱爸爸妈妈、爷爷和奶奶（姥爷和姥姥）。当爸爸妈妈工作忙、经常加班加点时，他们懂得自己照顾自己，当爸爸妈妈出国帮助世界建矿山、长达一年不能回来时，他们只能通过视频见面。我把这些孩子当成自己的孩子，事实上他们就是金鹏这个大家庭里的孩子。少年强则国强，他们是祖国的花朵，是祖国的未来，衷心感谢全体金鹏家人，祝福老人身体康健、小朋友们茁壮成长，全家幸福快乐！

第三盏明灯：勤耕不辍

勤奋浇灌梦想之花。“勤”可谓是我家家风的核心，世代相传，代代勤勉。勤劳是中华民族千百年来的行为倡导和传统美德。对劳动的肯定和赞美是中国传统文化的重要内容。在传统家教中，“耕读传家”“勤俭持家”“习劳习苦”等都是勤劳家风最直接的表达。传统社会，“耕读传家”是人们普遍期许的理想生活，著名爱国诗人陆游曾写下很多家教诗，其中就有一句：“愿儿力耕足衣食，读书万卷真何益！”劝教孩子热爱劳动、喜欢学习、关心国事。也许只有体会过面朝黄土背朝天、体验过农事艰辛，才更懂得生活的不易，把希望寄托在孩子那一辈。作为农民，田地便是我的父母亲施展才华的一方天地，日复一日，年复一年，无论风吹日晒，他们早出晚归，辛勤地劳作，只为了让我们兄弟姊妹能吃上饭，读上书。父亲经常教育我们，你们一定要勤奋读书，只有读书，才能改变你们的命运。在父亲的谆谆教导中，我从小便勤奋努力，上课的时候全神贯注，认真听讲，生怕错过老师讲的每一句话，课后遇到不会的问题，积极向老师和同学请教。每天清晨，当别人还在睡梦中时，我便早早起床到村头的大桥上温习功课。“勤学如春起之苗，不见其增，日有所长”，最终，在我的不懈努力下，我以全县女同学中第一名的成绩被东北大学录取。

回顾自己不平凡的人生，20 岁大学毕业，学的是矿山采矿工程，在新城金矿的斜井口立下“为矿山贡献毕生”的志向，38 年过去了，我一直在这个行业奋斗，用毕生精力，服务好世界的每一位客户。工作后，我也谨记着父亲的教诲，“做一个眼勤、手勤、腿勤、嘴勤”的人，脏活累活总是抢着干，因我的出色表现，我被选为公司最年轻的总经理。从国企辞职创业，创办了金鹏集团，肩上的担子当然更重了，因我不再是为自己而奋斗，而是肩负着 500 多名员工和 500 多个家庭的命运，这不容许我有丝毫的懈怠。在我和员工的共同努力下，短短的十几年的时间，公司已经发展为矿山行业 EPC 总包服务的龙头企业，产品出口世界 60 多个国家和地区，产值近 4 亿元。天道酬勤，在金鹏的一步步发展下，有了世界各地一座座矿山，为社会创造了无数的财富，带动了当地经济的高效快速增长！我经常说这样一句话：“我们要不断地学习！不断地进步！与时俱进！只有自身强大了，有能力了，才能更好地去建设社会，奉献社会！”

人生和事业有顺境，自然也会有逆境和困难，然而不论何种情况，勤耕不辍、有担当、负责任就能立起一面不倒的旗帜。前几年遭遇全球铁矿等原料物价上涨，同时受全球贸易浪潮影响，订单量倏忽变小，金鹏遇到前所未有的危机，关系着众多员工的营生。好的产品，除了来自技术精湛的操作工人外，还取决于加工设备的自动化水平和加工设备的性能。金鹏集团先后投资 3000 多万元购进一大批先进高效的矿机产品和大型机加工设备，同时适当增加广告成本，化被动为主动，主动出击找订单，通过双举措有效地提高了订单量。我当时首先拒绝考虑裁员，尽量不在缩减人工成本这个方向考虑，而是依靠全体员工，成功带领集团顺利渡过难关。现在回想起来，也许就是我的父母亲在家风教育中给予我的这种不轻言放弃、勤耕不辍的精神底蕴，让我在每一个困难面前保持定力，勤动脑筋，集中心思找方法解决问题，因为我相信方法总比困难多，不轻言放弃的人生信条总是让我有披荆斩棘、劈波斩浪的勇气和信心。

常回家看看——全家福合影

第四盏明灯：诚实守信

中国自古就有“君子一言，驷马难追”这个成语；“以诚实守信为荣”是我们“八荣八耻”中重要的一条；高尔基也曾说过：“走正直诚实的生活道路，必定会有一个问心无愧的归宿。”总之，各种关于诚实守信的言论数不胜数。儿时记事起，父母通过给我们讲“狼来了”的故事告诫我们，做人应诚实，不应以说谎来达到自己的目的，更不能以说谎去愚弄他人。印象中还有一个小插曲，深深影响了我和我的兄弟姐妹。也不记得当年是哪一年，那时我们几岁。我的哥哥拿着 1 块钱跑腿去村头小卖部打酱油。一般一瓶酱油打满也就 5 毛钱，但是我的哥哥仅把 2 毛钱带回家，路上花 3 毛钱买了零食和口袋书。我的母亲厉声问道：“你说谎了没有？”想必路上做了很多心理建设，哥哥气定神闲地说：“没有，就找回 2 毛钱。”母亲知道哥哥说谎不承认，脸色一沉，便下地里干活了。哥哥自以为安全躲过，没想到到了晚上等待他的是一顿鞭子。原来母亲干活时抽空亲自去了一趟小卖部询问得知了真相。她狠狠惩罚了哥哥，也让我们懂得了诚实的意义，“谎言总有一天会为人所揭露，要做老老实实人、讲真真切切话”。

商业讲诚信，价格实惠，品质过关，才能生意兴隆；政治讲诚信，言出必行，表里如一，才能得到人民的支持；学术讲诚信，严谨治学，不剽窃抄袭，才能得到大家的认可……人生这条船，有诚信来掌舵，方向才会正确；反之，没有了诚信，再快的速度也只是驶向歧途。

创业后，我也更加明白了诚信的重要性。在公司的发展中，我也始终以诚待客，公司能有现在的规模，离不开我们优良的产品质量和完善的服务体系。我们对客户承诺，国内24小时内到达，国外48小时内到达，短时间内解决问题，减少客户损失。金鹏集团坚持“安全第一、质量至上”的生产方针，视质量如生命，严把产品质量关，力求每个产品尽善尽美。集团管理理念先进，建有先进、科学的企业管理机制，拥有业内最先进的生产设备和雄厚的技术力量，严格规范了各道生产检测流程，实现了智能化、规范化，产品涵盖国内外矿山生产所需的轻、中、重型多种型号的矿业机械。因公司的诚信经营，公司于2019年被评为“中国品质优秀企业”，并连续多年被评为黄金行业优秀服务商。

第五盏明灯：感恩奉献

从我记事起，就知道我的父母是勤勤恳恳的农民，整天和泥土打交道。他们虽然不会说不会讲，但思想积极进步。记得他们经常和家里人讲，咱穷人过上幸福生活不容易，得感谢党，感谢社会主义。所以，当时上级号召做什么，他们都积极响应。我的母亲是个热心肠，邻里间，谁家有个大事小情的她都去帮忙，家中困难的她也会出钱出物慷慨相助。记得有一年，邻居王婶患病住院，王叔在医院护理，家里几个孩子无人照顾。母亲便把几个孩子接到家里吃住，白天还要给王婶家喂猪喂鸡，打扫卫生。母亲也是一个纯朴的农家妇女，受到长辈的影响，她过日子精打细算，勤俭持家。她用自己的言行教育我们不浪费一粒粮食，节省每一度电、每一滴水。她说，丰年要当歉年过，有粮常想无粮时。如今，我已然成为同他们一样的人。知足常乐、助人为乐、勤俭持家，这也是他们对家风的最好诠释。而我在他们身上学会了懂得感恩。一个人心里有多大恩，就有多大福，施比受更有福。我将以“道济天下，德创财富”为核心价值观的儒商宗旨贯穿于企业的日常经营管理中，积极推行以人本管理为核心的管理创新，构建起“军队—学校—家庭”的企业文化体系，厂区车间、走廊过道处处笔墨生香，员工个个尊德问学、修己安人。坚持多年的早会文化、文体活动更是让公司上下万众一心，拼搏奉献。令人震撼的企业文化，铸造出了企业之魂，成为公司持续发展、源源不断的动力源泉。

2020 年新冠肺炎疫情的蔓延牵动着 14 亿中国人及海外侨胞的心，为助力疫情防控工作开展，我积极组织集团在全球各地的员工举行爱心捐款活动，以实际行动投入到这场没有硝烟的战斗中。2 月 14 日，西方的情人节，一个充满爱的节日。在金鹏集团里，爱心涌动，暖意融融。一早集团行政中心在公司各大群里发出了“驰援武汉，爱的奉献”的捐款倡议，倡议一发出，我率先捐出了 2 万元，烟台东方冶金设计院许宝华院长和金鹏集团总经理许庆砚先生分别捐出了 1 万元。随后，集团广大党员干部及职工积极响应号召，纷纷献出自己的一片爱心，以实际行动驰援武汉，助力疫情阻击战。为避免人员聚集，此次捐款以线上捐款为主，负责接收捐款的手机屏幕上，不时地弹出橘红色的捐款信息，使人应接不暇，连远在外省未回公司的同事们，也纷纷以线上捐款的形式，传递着爱心。同时，远在印尼、苏丹、老挝、土耳其、津巴布韦及南美国家的安装调试人员也都纷纷报名捐款。在短短的 4 个多小时里，财务人员共收到了善款十万元，远远超过预期。这不是一次普通的捐款，这是金鹏集团“敬天爱人”经营方针的真实写照，充分彰显了金鹏集团全体干部员工的大爱与担当精神。

第六盏明灯：心存敬畏

我的父母是平凡普通的老百姓，他们对生活有着朴素真诚的态度，敬天地、敬鬼神、敬自然万物。因为心存一份敬畏，所以为人奉守规则，处事在方圆之中。他们心存敬畏，对我影响深远。

金鹏有个生态园大本营，秋收之际瓜果飘香，硕果累累。无数金鹏人走进生态园拥抱秋的收获、感恩春夏的耕耘。金鹏职工的孩子在六一儿童节走进生态园体味童年的乐趣和劳作的美妙；金鹏的年轻职工入职后走进生态园，进行采摘大苹果团建活动，歌声飞扬在生态园上空；也有远道而来的朋友莅临金鹏，走进生态园采摘樱桃和蓝莓，感受金鹏无形中的文化。

生态园承载着拥抱自然、敬畏天地、天人合一的快乐，是金鹏的企业文化角和快乐方圆地，也是我的精神园地。这源自我幼时记忆中瓜果的香气。还记得那时，我的母亲左手握着一个梨子，右手握着一把削果刀，只见那梨个大，在我母亲手中脱去一圈一圈梨子皮，露出幼白的梨肉，散发着阵阵芬芳果香。母亲总是可以削出完整的一个梨子的皮，长长的，一圈一圈，没有断。一个梨子，分成肉和皮，先吃长长的梨子皮，再吃一块一块的梨子肉，那是当时全家的快乐。如今生活条件好多了，生活中物质丰富、应有尽有，却再也尝不到过去那种滋味。现在的孩子一年四季吃着各种水果，没有多少机会踩在松软的泥土上感受亲自采摘水果的乐趣，没有机会见证和感叹水果"出生落地"的神奇，更加不会懂得自然万物的可贵可惜。

走进生态园，在树下俯身采摘水果，踩在泥土里，无限接近自然，敬畏和感恩阳光雨露，敬畏和感恩栽树的前人，自己亲手采摘放在篮子的水果确实是比较甜的，吃在嘴里，甜到心里，乐趣无穷。每次走进生态园，看到金鹏人脸上放松的那一刻，我都百感交集。我想，这瓜果香甜里包含了敬畏天地、敬畏劳作的滋味。大自然具有治愈一切的神奇力量，人和万物在自然面前显得非常渺小。人行走于世间，俯仰于天地，没有敬畏之心，必如履薄冰，寸步难行。心有敬畏，行有所止。《菜根谭》里说："自天子以至于庶人，未有无所畏惧而不亡者也。上畏天，下畏民，畏言官于一时，畏史官于后世。""敬"是尊重，"畏"即害怕。在内，是不存邪念，在外，是持身端庄。敬畏是人生的大智慧，不仅是一种人生态度，也是一种行为准则。一生常怀敬畏之心，坚守做人为商的基本准则，保持清醒的头脑，做到原则不动、底线不松，在战战兢兢、如履薄冰的心境中度过，最终将一路平步青云，大业辉煌，成就自我。我在经营金鹏的每一天里，把客户至上、敬天爱人作为经营方针，要求全体员工对每一个工作、每一道工序、每一个设计、每一个业务保持敬畏之心，无愧于自己的心，更不辜负每一个客户的信任和支持，这是金鹏前行的内驱力。

结　语

《朱子治家格言》有云："宜未雨而绸缪，毋临渴而掘井。"纪晓岚四戒四宜有云："戒晚起、戒懒惰、戒奢华、戒骄傲；宜勤读、宜敬师、宜爱众、宜慎食。"曾国藩十六字箴言家风有云："家俭则兴，人勤则健；能勤能俭，永不贫贱。"我的父母亲文化程度不高，所以没有传下如此这般的正式格言家训，但在对父母亲的生活、行动、言语等诸多细节的记忆中，父亲的负责担当、吃苦耐劳，母亲的勤劳俭朴、善良厚道，都潜移默化而又深刻持久地影响着我，如一盏盏永不熄灭的明灯，照亮我内心的世界，照亮我前行的路。忠于祖国、勤劳诚信的美好品质，是我劈波斩浪、笃定向前的能量，今日盛世金鹏和祖国一同成长，是我辈之幸，是我作为中国人最大的骄傲。尊老爱幼、大爱无疆的美好品质，是我和金鹏全体员工的纽带和桥梁，我们互相把对方看作自己的家人，互相珍爱和关心，我们心往一处想，力往一处使，共同建设金鹏这个大家园。对自然、对生命、对万物的敬畏，是父母教育我、留给我行走于世间的宝物，一个人，无论坐拥多少财富，无论身居何处，相比起宇宙中，都是渺小的。万物皆平等，要懂得珍惜和爱护一切，人与自然和谐相处，对自然变化和宇宙发展要永葆一颗敬畏之心。作为一名矿山人，肯吃苦耐劳，有责任担当，我的家风如春雨一般，润物细无声，是一种浸渍、渲染，融化在我的血液之中，铺就了我的人生底色。这些美好又贯穿和呈现在我的经营管理中，为我助力金鹏矿业的发展，致力于打造伟大的企业和优质的企风，让金鹏上下全体员工在工作的同时接受优秀传统文化的熏陶，身心愉悦，获得精神上和业务上的精进成长。感恩我的父母亲，我永远怀念他们，也将继续承接父辈的正能量，借鉴他们留下的人生智慧，言传身教、身体力行，将好家风传承给下一代。践行好家风，营造好企风，创造大国风。

第七章　我的父亲母亲

李文良口述，李珊红撰稿

李文良，东莞市泰威电子有限公司创始人，泰威电子斯美书院院长，广东省国学教育促进会副会长，国际儒联普及委员会委员，工商管理博士（DBA），博鳌儒商杰出人物。

1997 年开始在东莞虎门创办实体企业，创办之初即提出要做出中国人的品牌来，为国人争气。

2005 年将中华文化引入企业的核心价值观建设，积极探索中国式管理模式。

2010 年开始探索青少年教育、安老怀少、乡村建设、有机农业等领域。

2015 年提出“51:25:24”天地人和生态企业治理模式，帮助诸多危机企业化解经营困境。

2017 年完成全员生态健康饮食，探索工农联盟推动乡村振兴，引领企业走上健康发展之路。

《孟子》有言："天下之本在国，国之本在家。"家风，是父母用毕生的经历，执岁月之笔，为我写下的人生格言。它们融入我的血液，内化于心、外化于行。印象中，父亲十分严厉，为人处世说一不二，在我们子女们的心目中是个顶天立地的男子汉；母亲慈悲、善良，虽不识字，却是一名有大爱的农村女性。岁月荏苒，父亲、母亲在我们心目当中一个像天、一个像地包容我们这些子女，从小到大我们都以父母为荣，也以能让父母放心和骄傲，作为我们努力的方向。

情深似海、朴实无华，永恒的母亲

指缝太宽，时间太瘦，许多爱还来不及感受，却已随流年渐渐远去，在记忆的长河里慢慢遗忘。2019 年 11 月 27 日 3 时 50 分，这一时间于我而言却永生难忘。我最亲爱的母亲赵秀英，走完了她的一生，享年 85 岁。那一刻，我知道，现实中我再也找不到那个知冷知热的娘，世界上那个能够容忍我任性、处处疼惜我的娘永远不见了！娘如此地疼我，在娘的世界里充满温暖、充满自在、充满无穷无尽的力量……娘的爱如此博大深沉，娘真正走的这一刻，才如此深刻地感受到！痛彻心扉！老舍先生忆起他母亲的时候说："人，即使活到八九十岁，有母亲便可以多少还有点孩子气。失了慈母便像花插在瓶子里，虽然还有色有香，却失去了根。有母亲的人，心里是安定的。"是啊，娘在的时候，不管什么烦恼，只要一见到娘，烦恼都可化为云烟；娘在的时候，娘的一举一动，都能感受到她是如此在乎你，有娘的地方就是家，有娘的日子是最美好的……而今，我在外头，母亲在里头，有那么一刻，多么希望亲爱的母亲手指能动一动，眼睛能够微微睁开，再叫一次儿的乳名。

我与母亲

为母守灵的第六天，我的脑海里不断出现“风光大葬”这几个字。我一定要“风光大葬”我慈爱的母亲。“风”，君子之德风，母亲的德风教化了我们五个孩子慢慢长大，立在天地间。“光”，光明与智慧，母亲用智慧之光化解了我们家族与孩子的种种烦恼与障碍。“大”，无边为大，母亲用无边的大爱呵护着我们子孙后代，给我们带来平安与吉祥。“葬”，将母亲的德风、慧光、无边的大爱葬在我的心田，让母亲再在我的心里复活、升华。我出生于1966年，腊月二十三。母亲说，腊月的苏北，冰天雪地，窗外寒风呼啸，透过门窗的那种寒冷椎心刺骨，令你无处躲避。而我不偏不倚，就在那一夜来到了人世。那一夜，母亲与寒夜对抗，用了整整一夜将我带到人间。曾听说，医院里产房孕妇生孩子，剧烈的疼痛使得孕妇的手将床边的钢管都拉弯了。我无法想象我的到来给母亲造成多大的伤痛，1966年的江苏苏北沛县乡下，生孩子也还没去医院，通常都是找乡村的产婆，母亲生我也是如此。已经有七八个小时孩子生不下来，当时是多么危险，后果常常是母子双亡……而我是幸运的，母亲说生下我时，鸡叫了，应该是凌晨四五点左右，那一天是腊月二十三，小年。谢天谢地，母子平安。

然而，我的到来伴随着诸多不顺。曾听母亲讲，出生刚几个月的我就患了乙型脑炎，父母发现时，我的脖子都已经硬了，为了尽快送我到医院抢救，父母亲抱起我直接穿过乡村田野，急急忙忙奔向医院。一片漆黑的夜里，田野的路有多难走父母亲已经顾不上了，赶到的时候医生说如果再晚几分钟，我的小命很可能就没了。母亲提起这件事的时候神情都是淡淡的，而我却感受到了那个惊心动魄的夜晚，内心的感激深深印在心里。捡回一条命的我继续为难我的父母，记忆中我小时候体弱多病，天天夜里都在哭，因为肚里的蛔虫异常顽强，吃糖丸也不见效，一直到七八岁的时候外婆家的一位奶奶用火罐拔了一阵子，总算大好，但我也落下了瘦弱的体质。1983 年，我考上了省城南京的中专，17 岁的我，1 米 7 的身高，体重却只有 85 斤，甚至比班上的女同学都轻，因此常常怕同学耻笑而不敢去称体重。《论语》中讲："父母唯其疾之忧。"想一想，我从出生到长大是多么让父母忧心啊！

母亲养了五个孩子，在那个物资缺乏的年代是多么不容易。母亲的一生既平凡又伟大，她默默地操持着这个家，用她那瘦小的身躯呵护着我们兄弟姊妹长大，母亲用一生为我们树立了做人的榜样。

陪伴母亲

母亲一生勤俭持家，任劳任怨，虽然很贫穷，但母亲总能把生活过得井井有条，让我们从来没有感觉到穷。记不清多少个夜晚，当我半夜醒来，总能看到辛苦了一天的母亲仍在油灯下做针线活，她在为儿女们纳鞋底、缝衣服。昏暗的油灯下，母亲的神情格外专注，竟没有注意到一旁醒来的我，母亲用一针一线将心血纳进了我们的身体，融入我们每个兄弟姐妹的血液里。一家人坐在一起吃饭是母亲一直要求且坚持的，她说这样才像个家。可是每当一家人吃饭时，母亲总是忙这忙那，常常等到大家都吃完了，她才端起碗吃我们的残羹剩饭。

在母亲的呵护下，我的童年无忧无虑，虽然当时家里很贫困，但水塘里、田野间、村庄的角角落落都有我和小伙伴玩耍嬉戏的身影，在浓浓的亲情之中，在家乡淳朴亲切的自然风光当中，我的童年充满了美好的回忆。

母亲总是乐于助人，无论自家生活多么困难，母亲总是尽最大努力帮助身边的人。那时候叔叔婶婶还没有从东北搬来，母亲就把他们家的几个孩子邀到我们家里吃饭。村里有个精神病患者也常常喜欢来我家要饭，因为母亲从来没有嫌弃过他，每次总将我们吃的东西匀一份给他。

母亲的一生都在牵挂着她的子女，她对我们子女的爱是那样细腻，年轻时不会忘记我曾去南京读书的岁月，每一次假期后动身离家时，总能看到母亲在抹眼泪，她是多么不舍儿子的离开……患脑梗后的母亲不能走路了，坐在轮椅上的她在工厂的二楼阳台上遥望从外面归来的儿子。那份牵挂儿女的心，无论何时何地，一直都在那里，细细绵绵，无声无息，吸引着儿女归来的脚步。

我、母亲和爱人

大爱无声、坚强质朴，敬爱的父亲

树欲静而风不止，子欲养而亲不待。母亲已经离我们远去，痛苦的不止我们这些子女，最痛苦的是父亲。为母亲守丧期间，父亲与我们有了一段对话，说到母亲对儿孙们的好，与母亲生活了一辈子的他是亲眼见证的，父亲承认他比不上母亲。

母亲丧事那几天父亲很少吃饭，默默地关心着每一个细节，为的是让母亲的骨灰安稳地入到地里，白天父亲若无其事，但没有了对母亲的牵挂，不知父亲如何度过那漫漫长夜？送走母亲后，大姐提出带老父亲到各地走走，一生刚强的父亲好像一下子憔悴了许多，喃喃地说哪儿也不去。

父亲出生于 1938 年，身份证上的出生日期是 1 月 20 日，父亲说这个日期不准确，父亲只记得我奶奶说农历正月生，具体日期奶奶不记得了。印象中的父亲总是在干活，每天早早就起床洒扫庭院，然后就出去干活，晚上很晚才从地里回来。联产承包责任制之前，一般的劳动力计时工资一天 7 分，而父亲为了七口人的生活，都是挑最苦最累计件的活干，一天竟能挣 100 多分，因此之前母亲常担心父亲这样干活老了会得很多病，但如今父亲 80 多岁了，我们年轻人干田里的活都还干不过他呢！

小时候，记得每年冬天出河工，父亲都会获得积极分子的奖状。那时天气很冷，温度在零下是常有的事，河里还结着冰，父亲却直接到河里，两腿站在冰冷的河水里挖泥，他一个人能干好几个人的活，不管多苦多累，决不落在别人后面，母亲后来告诉我们说那时候父亲经常凌晨会累得心口疼，疼到醒来再也睡不着。兴许是早年在冰河里干活的缘故，父亲年老的时候患了关节炎，常是半夜酸疼得醒来，独自闷闷地抽烟来缓解疼痛，父亲也常说他一辈子出了很多牛马力。

父亲极为重视我们的学习，他常说的一句话是“摔锅卖铁也要供你们上学”。1983 年的 9 月，我初中毕业考上省城重点中专学校，家里把积攒的钱全部拿出来给我当生活费，却再也没余钱了，父亲只能送到徐州，我要独自从徐州坐火车到南京。从没有出过远门的我心里忐忑不安，临行的前一天晚上，父亲不放心，轻轻地推门进来，父亲用手拍拍我的后背，轻轻说了一句“可以”，试想当时的父亲该是一种多么无奈的心情。“可以”，就是这两个字，激励着我从乡村走向城市，从徐州走到南京，从南京走到深圳；从少年走到青年，从青年迈向中年……

我与父亲

父亲在村里向来受人尊重，村里常有调解不了的矛盾，父亲一出面，矛盾就很快化解。别人要用物质感谢他，他总是断然拒绝，连一根烟也不愿意抽，为的是保持公正。父亲也决不受别人无故欺负。小时候，邻居家曾找事欺负我们家，父亲不怕事，敢于迎接挑战，最终让他们再也不敢欺负我们了。

父亲一直都有很多好习惯，不乱花钱，很少抽烟、喝酒，也从不赌博。只是到了晚年，才稍微抽些烟，喝少量的酒。

父亲常给我们说无债一身轻，父亲一生从来不欠别人的债。也让我在经营企业时以此为戒，不愿负债经营，从而使公司能在各种危机中保持安定。

父亲有远大的理想，常遗憾自己没有赶上好时代。父亲出生时，日本人已打过来，刚订婚就被划为富农成分，那个时代，无论他怎么努力，甚至一个人干多个人的活，也仅仅是养活一家人而已。然而父亲不知道，他却是我们力量之源。

父亲喜欢听古戏，特别是古戏里表达忠孝廉耻的故事，我常常想，父亲就是被古戏里蕴含的教育思想所影响，所以自然也潜移默化地影响着我们……

父亲总是在自己身上省，恨不得一分钱都要掰成两半花，而对待别人却很大方。照顾他自己兄弟一家乃至四五个孩子从东北回到老家上学、干活、结婚等很多年，毫无怨言。

贫贱夫妻百事哀。父亲与母亲的婚姻从表面看不能算十分和睦，吵架可以说的家常便饭，但后来我发现，他们两位老人的吵架大都是因为想让儿女或是家更好。虽然吵了一辈子，但他们的感情却一直都是那么好，互相关心、互相牵挂，父母结婚时，父亲 18 岁、母亲 21 岁，60 多年夫妻的不舍不弃、相濡以沫是我们晚辈效法的榜样。

父亲和我们两兄弟

在父母的人生哲理中汲取营养

许多时候，父母对子女的教育并不需要多么高大上，生活中的言传身教，早已在子女的心中播下美德的种子。润物无声，所有生命的教育，大抵如此。母亲虽不识字，但她用生活的智慧将为人处世的道理铭刻进我们的心田，伴随我们的一生，让我们受用无穷。母亲常告诫小时候的我：“小时候偷针，长大偷金！”母亲教导我们人生一世要堂堂正正做人，决不可让人在背后戳脊梁骨。母亲是我一生做人做事的导师，她总是在我最重要的关头，用那无言的爱鼓励我，引导我做出正确的抉择。因此，这些年走南闯北，即使有时行程很紧，我也会想尽办法去母亲那里停留一下，有时甚至只有几个小时，也要吃上母亲做的一顿饭，与母亲说上一段话。

父亲和母亲合影

1991 年年初，为了更好地实现人生价值，我辞掉了大学的工作，下海到深圳创业。然而，刚到深圳时找了 6 天的工作，仍没有消息。第 7 天，口袋里已近弹尽粮绝，有些茫然的我下决心不再像之前那样寻找工作，于是我将自己交给命运安排，随意坐上了一辆公共大巴，后来大巴将我带到了一个山村里。在那里，彷徨无助的我想起了远方的父母，心中对自己的无能生出了深深的自责，同时母亲那不惧艰辛的形象在脑海里浮现，那一刻起，我立志无论将来面对什么困境，都要勇敢面对，要让父母以儿子为荣。也许是因为这份孝心，我竟然在当天找到了一份改变命运的工作。终于可以留在深圳了，从此开启了我的新生活。

1992 年的 2 月，在港资企业打工的我又辞职了，开始与人合伙经营贸易，为的是抓住未来更多的机会。在刚开始的时间里，由于完全没有经验，我一头雾水，到处碰壁，毫无收获，几近走投无路。但我并没轻易放弃，不断强化心中之前的信念，给自己坚持下去的动力。6月的一天，终于接了一个订单，忙了一天，赚到了人生中珍贵的第一桶金——25块钱，这25块钱再次开启了我之后的多彩人生。

1997年，我在东莞虎门刚开厂时，屡次受到挫折，在我即将放弃的那一刻，是母亲一生不惹事也不怕事、用生命坚守真理、敢作敢为的精神激励着我，最终越过了那些沟沟坎坎。

2005年，当企业有了些许成就，一定是母亲看到了我言行中的自满，曾几次在我的耳边呢喃细语："十年的好运经不起一年的歹运。"最后是母亲的话引起了我的警觉，于是我慢慢放下了内心的狂傲，并从此走上了学习与践行中华优秀传统文化的道路。

母亲生前，我们兄弟姐妹都以父母为中心，以父母的安心欢喜作为最高原则。这一切也一定是父母的影响。后来我们几个子女的生活好了，母亲跟随我们住到了城里，我们都希望母亲能快快乐乐每一天，多一些日子让我们能够承欢膝下。为人子女的我们想着一生辛劳的母亲该歇一歇，享享清福了，而母亲对这种"养尊处优"的生活是不习惯，且不喜欢的，她仍然保持着吃剩饭、不停劳作的习惯。我们拗不过她，便遂了她的意。2018年3月，母亲突发脑梗的那一天，她仍弯着早已驼背的身体在房间里忙碌着为发着的豆芽浇水呢，一生辛劳的母亲啊！

记得曾有一次从母亲口里顺口说出"吃亏人常在，占便宜死得快"这句话，让多年学习传统文化的我很有触动，想必这是母亲践行一辈子的信念，也更理解了她老人家为什么总是将困难留给自己，将方便留给他人。母亲常说我们现在的生活来之不易，要珍惜。老人家质朴的话语里满含人生的哲理，引领我们走上智慧安稳的生活。

父亲总是告诫我们做人要有骨气，决不能让人看不起，也不能让人觉得自己了不起，一定要给人面子，做人要守规矩，不能占人的便宜。言语朴素，却是字字箴言。多年后，我曾与父亲谈起自己小时候和三弟去吃酒席被父亲呵斥的情景，父亲后来解释道："我们交了一份礼，却去了两个人去吃，会让人看不起。”就是这样一份骨气，日久天长，让我们姐弟五个都养成了自强不息的精神。

全家福

《百孝篇》中言“百善孝为先”，孝父母的身，孝父母的心，孝父母的志，孝父母的慧。“孝”自古有之，《孝经》告诉我们，孝有三个层次，“始于事亲，中于事君，终于立身”。最基础的就是事亲。随着母亲的离世，我们期望年迈的父亲能够身体康健，陪我们更长久一些。也立志将这份孝心由父母的身上推及更多人身上，从孝自己的父母，到孝同人的父母，再到孝天下的父母，直至孝虚空法界万事万物的父母。

古人认为，“天下之本在国，国之本在家”，只有搞好家风、家教才能“齐家”，只有通过齐家才能实现“国治天下平”。曾子说过一句话：“孝慈者，百行之先莫过于孝。孝至于天，则风雨顺时；孝至于地，则万物化盛；孝至于人，则众福来臻。”意思就是说：“孝敬父母，各种行为中没有比孝敬更重要的了。孝敬的行为达到了上天，就会风调雨顺；孝敬的行为达到了大地，万物就会繁荣兴盛；孝敬的行为达到了人的身上，各种福泽都会到来。”受父母的影响，我们兄弟姊妹和睦相处，有商有量。这些年无论我走到哪里，家像蕴含一股神秘力量一般，不管我遇到何种挫折，都能给予我温暖和精神寄托，令我重拾信心、振作精神再出发。我们每个人都在为生活辛苦劳累，当你拖着疲惫的身躯回到家时，周身的疲惫都会因为看到年迈的父母、善解人意的妻子、活泼可爱的孩子而瞬间消失。在某种意义上说，家庭是一个可以为生命充电的地方，因为有了父母的爱和妻儿的爱，汇聚成了一股浓浓的生命力量，这股力量是强大的，家庭所能给予你的精神上的慰藉和支持远比你想象的多。这是我多年走过来对家庭的理解，是我在家庭中极其重视孝道的根源所在，同时也是我多年来对孝亲、孝道的领悟。正如曾子所言，当我们尽孝的时候，这人生的一切就会呈现出一个非常顺的状态。反之，如果你把孝道丢掉了，就会有不顺的事情到来。

我在创业过程当中经历了很多挫折与困难，哪怕生活逐渐丰盈时，学习国学的心路历程也充满了艰辛。我想告诉儿女及后代的孩子们，人的一生最重要的不是赚多少钱，比之更重要的是如何成为一个于己、于亲人、于社会有用的人。《礼记·大学》中说："自天子以至于庶人，壹是皆以修身为本。"身修好了，家才会齐，家齐了国才治，国治则自然天下平。中国文化博大精深，老祖宗的教诲历久弥新，至今仍应为我们奉为认知的宝典。

前几年大儿子嘉俊大学毕业就要走上社会，当时我送了两句话给他。第一句是"人什么都可以有，但是就不能有狡诈"。因为有了狡诈，人生就会彻底毁了。第二句话是"人什么都可以没有，但不能没有善良"。因为只要有了善良，即使经受再大的困难，命运最终将会引我们到平安的地方。所谓天道无亲，常与善人。做任何事情都要把握好正确的人生观、价值观，遵循光明磊落、堂堂正正的原则，做一个言而有信的人，建立为天地立心的大写的生命观。践行《孟子》中讲到的"天将降大任于斯人也，必先苦其心志，劳其筋骨，饿其体肤，空乏其身……"。古人说："志不立，天下无可成之事。"要立一个远大的志向，为我们国家、民族、人民做一些真正有益的事情。凭着这个信念，我们就不怕困难，我们也自然能得到天地的护佑。有句话说得好，人有善愿，天必佑之。人生最重要的东西就是要建立自己的信念，然后树立信心，最后建立自己的信仰。从信念到信心，进而到信仰，我们的生命就有了仰靠的地方。通过信念、信心、信仰来树立我们强大的品德，练就强大的能力，完成重大的使命。

我的家人们

社会栋梁起于家庭苗圃，任何一个社会角色都是从家庭走上社会舞台的。每个人在成为社会角色之前，必定首先在家庭中进行“排练”。因为父母为我从小培养的习惯，我在工作的时候秉承的原则就是认真，做什么事情都不马虎，遇事不推卸，把每件事情做真、做实。不抛弃，不放弃，不达目的誓不罢休。只有认真了，事情才有可能呈现出真的状态，通过认真做事，不断地让自己成长，从认真的状态中再汲取成功的经验，良性循环，锲而不舍。

家风为笔，时间为轴，人生的画卷奋斗不息

如果问我家风是什么，我的回答是，家风是父母之于我的每一寸肌肤、每一段血液、每一处人生的细节，是我于父母人生中汲取的营养，指引我坚实地走好脚下每一步路。家风无须修饰，那是每个人心底流淌出的赞歌，这动听的旋律漫延成一条生生不息的长河，如化雨春风，守着家，护着国。家风是根植于每个家庭中的文化传承，这么多年来，一直与同人一起共同学习中国文化。通过学习，我们理解中国文化可以概括为 12 个字，它们是孝、悌、忠、信、礼、义、廉、耻、仁、爱、和、平。为人“孝”字当头，泰威一直

在这个方向不断地往前努力，不断扎根，现在根也是越扎越深。“悌”就是兄弟团结友爱。“忠”就是要忠于国家，忠于我们的事业。“信”就是要有诚信。“礼”就是我们要把人与天地万物的秩序建立起来。总之一句话，我们要有所为、有所不为，开发自己的仁爱之心，以和为贵，心平气和。

我们认为这 12 个字构成了我们企业生存之根本，值得我们不断学习、不断沉淀。我们要把这 12 个字的能量、状态不断地注入到企业中，希望大家都能在中华文化引领下的大爱中生活。

参加新儒商对话会

2021 年，国家已全面进入小康社会，人们的精神世界仍待进一步提高，社会更需要谦谦君子。儒家就是培养浩然正气、谦谦君子，把世界天人合一的价值观，爱护自然、亲近人民的生命观建立起来。企业或者团体，首先要关注人心的成长，如果人的心错了，事情就不可能做好。人心对了，产品才可能好，企业才会真的好。所以我们提出的企业愿景是成为践行儒家思想的学习型企业，就是应当今社会及世界的需要，培养有敬畏心、仁爱心的人；就是要通过学习中华优秀传统文化的智慧，打造出一个大同社会的生命观。这是我们当下做企业的根本使命。

1989 年，我还在南京一所大学工作时，曾学习《松下管理全集》，曾看到一句话："造产品之前先造人。"因此，在创办企业时我就决心首先将员工培养成一个个德才兼备的谦谦君子，以这些人组成的团队，再来制造产品。这样的企业将无往不胜。多年来，我们一直在这条路上摸索践行，在我们的企业中，有那么一群同人，通过在公司举办的研学课程，生命开始展现出光彩的一面。在 2019 年于江苏开办的 108 天乡村人才实训营中，有不少改变的案例。

17 岁的小权，曾在一所县中专读二年级，在校时学习动力不够，沉迷于手机游戏，是老师眼中名副其实的后进生。后来在他父母的推动下，参加了企业举办的传统文化学习班，通过学习，在自立生活习惯、孝顺父母等方面有了显著进步，得到他之前中专老师的认可。

30 岁的王旭，用了七天想出了论文题目：自己的内心。步入而立之年的他人生一度陷入迷茫，之前曾在网吧吃住连续打三个月游戏，创业也屡次失败，让他的父母及家人哭干了眼泪，这次人生观、世界观、价值观得以彻底改变，他的改变也得到我父亲他老人家的认可和赞叹。

14 岁的小常，开学一个月由他父亲从河南带着过来，中间几次闹着要离开，他父亲本来送他来之后就要回去，但最后都坚持下来，孩子妈妈中间也专程赶来。由于他的改变让已离婚八年的父母当场答应复婚，复婚典礼在学习班毕业典礼上举行，这场破碎家庭的修复感动了在场所有的人。

18 岁的小胡，来自江西瑞金的他因出生时缺氧而导致智力受损，严重缺乏自信，在聊城农场的参学让他换了人生，让他找回了自信，发自内心地爱上了干农活。

14 岁的小刘，同样来自江西瑞金，他由患癌症六年的母亲带过来，曾经在学校只考 2 分的他，在这里表示他的心全开了，可以帮助其他待进步的同学，也理解了母亲的不易，进步突出，对人生充满了信心和力量。

24 岁的小毛，已婚并有一个孩子，她有些行为失常，不会与人讲话，不会笑，总是一个人静静地待在角落里。有时候会突然像火山爆发一样与他人发生冲突，毫无缘由动手打人，经过两个多月的修学，她也有了很大改变，结业时背《孝经》前六章出乎所有人的意料，取得第一名。答辩更让人惊讶，写了近三页的文章，文字工整，观点明了，发言清晰，让在场的同学们刮目相看，真是不可思议，中华文化的智慧不可思议。

来自河南周口的一家三口，曾在当地教育局工作的母亲带着几次自杀未成的儿子在泰威参学了三个月，现如今孩子已可正常上班，学会了驾车，自己驾车带着父母出游，一家人其乐融融，幸福溢于言表。

还有不少转变的案例……

在我看来，企业固然要以经济利益为目标，但君子爱财，取之有道。在经营企业过程中不仅不能破坏环境，更要爱护、保护环境，让地球环境与经济发展进入良性循环，人类进入持续发展，让我们的后代子孙可继续生活在这个美丽的星球。

2020年突如其来的新冠疫情，让我们更加增强了对中华文化的信心，大家看到了中华文化引领的中国在疫情下呈现出的和谐力量，全体中国人更加团结自信，而我们的企业也展现出更强的生命力，面向未来，我们提出要成为世界级的标杆企业。为人类做出“精妙绝伦”的产品。“精”就是精益求精，就是好了再好，没完没了。“妙”就是妙不可言。“绝”叫独一无二，“伦”叫无与伦比。我们的中华文化就是世界上精妙绝伦的文化，相信用精妙绝伦的中华文化打造出的企业文化一定会在当今世界的格局下制造出让世人仰望的产品。

这就要把我们的心聚焦一处不断地打磨，做每一件事情都一定要精益求精、不断地往上提升。有句俗语叫作“活着干，死了算”，说的是人总是要死去的，这是个不容置疑的话题。既然死亡是一件不容你讨价还价的事情，那么现在剩下的就是活着，如何活才是现在最大的生命课题，要没有遗憾地让自己的生命成为一个大写的人，让心跟宇宙形成一个共同的生命观，宇宙无穷，心也无穷。

我们活着就要从自己出发，到家庭、到家族、到企业、到社会、到地球、到宇宙，不断地推而广之，将心量拓展得越来越大，心量拓大了以后，获得的能量和信念就会变成一种加持，加持力也会越来越大，所以我们要不断地把东西方文明结合在一起。特别是在当今疫情的冲击下我们如何遵循自然规律，不跳过自然规律，不破坏自然，这是我们面临的重大课题。《道德经》有云："人法地，地法天，天法道，道法自然。"就是把这样一种生命观、工作状态呈现出来。

2013 年，为了感恩全体同人，也为了让大家对中华文化产生信心，我们提出努力做三件事：一是带动全员参加国家自学考试，形成一边工作、一边上大学的氛围；二是带动全员参与有机种植，民以食为天，让大家吃上真正安全、有生命力的食品，这是件"天"大的事；三是实现全员以及家人都不得重大疾病，健康是最大的财富，健康是 1，房子、车子、票子是 0，1 如果倒了，后面的 0 都没有了意义。通过这三件事的推动，公司的生命力得到大幅度提升，大家对中华文化的信心逐渐增强。

2006 年，我提出我们的光荣与梦想：

让所有为我们这个团队做出贡献的人，因为曾经的努力而自豪。

让更多接触到我们这个团队的人，因为我们的努力而建立合作的信心。

让更多加入我们这个团队的人，能因为大家的关爱而发现人生的美好与珍贵。

让和谐团队的精进与努力，找回我们曾经拥有的尊严与自信，顶天立地，快意人生。

让自私与狭隘远离我们宽广的胸膛，让合作与分享成为我们生活和工作的主旋律。

感恩中华文化，感恩父母，感恩老祖宗。

生命不息，努力不止。

第八章　向善利众传家久 坚守勤俭继世长

王锦锋口述，轩阁撰稿

王锦锋，字谦静。西安秦砖汉瓦博物馆创始人、理事长，陕西雅森上林苑集团董事长，秦砖汉瓦“护宝人”“宣传大使”，雅森研学（博望书院）、大汉上林苑景区创始人，中国国际科技促进会常务理事兼青少年创新教育工作委员会主任，博鳌儒商论坛常务副理事长，西安儒商文化促进会会长，西安文理学院创业校友会会长，华商书院陕西校友会执行会长，陕西名人协会副会长，西安历史文化名城研究会专家理事，21 世纪现代守陵人，陕西首届生态文明推动力领军人物。

我是王锦锋。中华文化五千年延绵不断，主要原因之一是家族延续不断，家族延续的核心是家风家训传承。诚如西晋文学家潘岳《家风诗》中所言：“隐忧孔疚，我堂靡构。义方既训，家道颖颖。”家风是为家族成员树立的、长久的价值准则和精神信仰，是家族兴旺发达、瓜瓞绵延的精神基因，直观体现一个家族的精神风貌、道德品质、言行举止、审美格调和整体素质，在家族传承之中具有举足轻重的决定性力量。

吃亏是福，真善积德，家庭是我的第一个课堂

家庭是我人生中的第一个课堂，无论是品行还是三观，对我个人成长的影响可谓至为深远。

父母亲常说：吃苦敬业，吃亏行善。这话打小听得多了，并没有太多感受，直到自己逐步走向社会，一步步摸爬滚打，才咂摸出其中味道。说起吃亏，其实是最容易不过的事情，但一般都是被动吃亏，吃“哑巴亏”，是不得不吃亏，有多少人会主动愿意吃亏呢？主动吃亏的人不外乎两种：一种是境界高远，品行淳朴豁达，宁愿自己吃亏换来诸事和谐。另一种是故作姿态，或以退为进有所谋求，或被动而无可奈何。

拿我自己来说，原本在单位里辛苦拼搏，做到了一定级别，单位发展壮大以后，我的职位非但没有更进一步，反而还比不得原来。最后单位经营陷入困境，举步维艰之际，我又被推到前台掌舵，烫手的山芋被动地拿在了手上。所有这一切，好像我都没有选择或拒绝的权利，只能自己生受。那时候

的自己真是艰难、无奈，但是别无选择，只有撸起袖子加油干。最终水到渠成，苦尽甘来，闯出别样天地，让我想起父母亲口中的“吃苦吃亏才能好”，内心百般滋味萦回。

再说到行善积德，积德靠的是行“真善”，那么该如何定义“真善”呢？我认为有五点：首先是“心善”，这是最核心的标准；其次是“利众”，善行要惠及众人；第三是“无回”，甘愿付出而不求回报；第四是“坚持”，日行一善，累月经年；第五是“破难”，有大毅力大智慧，从难以承受处行善举。大概父母亲长期以来的言传身教显示出了作用，关于“行善积德”这一点我并没有彷徨疑惑，无论是在国企工作，还是改制以后带领大家一起干，我问心无愧，不曾亏待大家。企业做顺之后，我开始有选择地从事善业，先是植树造林，坚守坚持 20 余年，把西安东南角的一片黄土高坡变成城市绿肺，接着又做研学旅行，投入巨资进行传统教育的延伸，再就是建博物馆，传承中华文明的历史符号……其实这都算不得上好的经营方向，因为对于企业来说，这些东西来钱都很慢，但是我们坚持做下去，因为这是真正“善业”。

幸福美满一家人

回过头来看自己，经商几十年，我并没有觉得自己是一个生意人，因为我不好算计、经营，因为我不怕吃亏，我相信“吃亏是福”。现在我虽然不是身家亿万的富翁，但是我有幸福美满的家庭，衣食无忧、身心愉悦、精神充实。这种良好的状态是怎么来的呢？我想是从“行善吃亏”中来，从“吃亏是福、真善积德”中来。

勤俭无私、敬业奉献，家人是我的第一任老师

我的爷爷奶奶都没有什么文化知识，但他们的身上有一股忠义之气，不贪小利，言出必行。不管大事小事，只要答应了的，总要尽心竭力，像在农村生活期间，但凡有人家操办红白喜事，只要过来喊一声，他们肯定放下手头活计，全程张罗，绝不会偷奸耍滑。

农村帮办酒席，主家一般会多备些饭菜给帮忙的乡亲拿回去吃，虽然家里穷得揭不开锅了，但爷爷奶奶通常都会婉言谢绝，即使同意，往往也只取少许表示谢意。农村物资相对匮乏，他们此举尤显大度慷慨，因此在整个村里声望很高，大家对他们的印象特别好，尊称他们为“四爷”“四婆”。

为了生计，爷爷不得不走很远的山路去伐木卖钱。有一回路上湿滑，爷爷摔断了腿，可即便是这样，也要为一口饭食艰难奔波。后来因为腿脚不便，砍柴的营生做不下去了，只好以卖烧饼为生，但哪里有多余的本钱呢？爷爷用磨出来的面粉做烧饼卖，脱落的麦麸打碎了做饼子自家吃。卖烧饼的人，却也是吃不到烧饼的人。我上大学二年级的时候，爷爷就去世了，在我印象中，他都没有享过什么福。

说起来，我和奶奶的感情最深厚。我从小被父母送回老家，是奶奶把我拉扯大，即便后面回到父母身边，寒暑假也是回到奶奶身边度过。等我有了孩子之后，又是奶奶帮我照看儿子。奶奶在我家住了几年，衣食住行样样不缺，想起来自己能够陪伴奶奶的晚年，给她创造较好的条件，我的心里非常欣慰。

奶奶对我的恩情永远无以回报。她叫陈玉兰，我在此次修缮老宅时，在院子里专门种了一棵广玉兰树，永志纪念。

祖母与我（1967 年）

每次回忆起父亲，除了思念和悲伤，记忆都会像闪电一样掠过，描绘出父亲一生辛苦奔忙的素描像。

我的父亲从事建筑行业工作，随工程全国各地奔波，流动性很大，常年和我们异地分居。后来好不容易回到西安，我们家住西郊，而他又在东郊上班，每天早出晚归，路途花费总要在两三个小时。父亲在建筑公司工程车队里面负责安全技术，大小事务忙个不停，样样都得亲自处理，遇到人员伤亡的车祸事故，更是忙得不可开交。可是父亲始终做到坚持原则、妥善处理，一切依照政策严格执行，既不亏公家，也不欠私人。

后来眼见父亲工作实在辛苦，在我的坚持下，父亲提前退休，在我妻子开设的陶瓷店里帮忙，这样不仅离家近些，中午也能回去休息。猛然闲下来，父亲很不习惯，甚至还有些不甘心，我们陪着劝慰开导他，总算让他安下心来享了几年清福。

我时常感慨于父亲对于传统文化和礼仪的重视。无论工作多忙，逢年过节总要抽出时间带领全家回老家团聚。父亲是个真孝子，爷爷生病卧床以后，他因为工作脱不开身，干脆把爷爷从老家接到身边，向单位申请了一间办公室安顿下来，牺牲自己的休息时间，尽心尽力地照料。

爷爷、奶奶去世以后安葬在农村老家，每年的清明节和寒衣节，父亲必然想方设法赶回老家。那时家里还没有车，回老家的路也并不畅达，每次一家人回去，总得手提肩扛，爬坡过河60余里路，即便如此艰难，却是雷打不动地年年坚持。那时自己不太理解，觉得辛苦麻烦没有必要，随着年岁增长，心里逐渐理解父亲的那种情愫：家是人的根、人的魂。如果说家族是一棵参天大树，祖宗祖宅就是大树的根，后代子孙是树干树枝，事业名利是树叶果实，人生第一大要事，是“连根养根”，根深才能“业”茂。

千万经典，孝义为先。“尽孝”是最质朴纯粹的“善”和“奉献”，父亲的举动对我影响至深。如今，我自己也坚持在每年清明节和寒衣节，带着母亲和一家人回老家祭祖连根，如今交通发达了，眼界开阔了，几千里几万里很快就能过去，心里越发感受到，回家的路原来是要慢慢走一辈子的。

母亲和我共举酒杯

不同于一般的家庭妇女，母亲是军工企业工人，本身工作任务比较繁忙，加上父亲常年在外，母亲独自拉扯我们兄妹三人，负担之沉重不言而喻。但是生活的压力没有让母亲挣扎在柴米油盐、家长里短的计较之中，相反她始终是从容乐观、大度洒脱的。在母亲看来，尽管没人愿意吃亏，但并不应该害怕，更无须计较。母亲的性格无形之中深深地影响了我，无论是在我的成长、求学阶段，还是在工作、创业路上。

随着我和弟弟妹妹到上学年龄，我们陆续回到西安市区，一家人的事情全靠母亲独自操持，即便再吃苦耐劳，也终究是精力有限、分身乏术了。后来实在忙得没有法子，她便尽可能减少在厂里的事务，不仅一下班就得往家里赶,甚至连有些会议都不能正常参加。虽然母亲的工作能力和成绩有目共睹，长此以往，也难免引发一些非议。有相熟的同事好心提醒母亲，不参加会议会影响进步、影响考核。更有领导直言不讳告诉母亲，总是缺席会议，即便工作能力再强、成绩再好，也是思想上不成熟、不进步的表现，组织上不会认可，也根本不可能考虑发展入党。母亲满腹委屈，在那个年代，早日入党对每一个工人来说都是莫大的荣耀与激励，母亲自然也不例外，自打参加工作以来，她兢兢业业，任劳任怨，连孩子都是送回老家交给老人抚养，可以说全身心都投入到工作之中，但是孩子大了，陆陆续续到了上学阶段，两相为难实在没法兼顾，母亲只能艰难做出取舍，选择下班之后立刻赶回家中料理家务。母亲想得很明白，她要全力以赴传好小家，并因此而毫不犹豫地舍弃了自身的事业发展，把培养孩子成为有用之人当作了自己的最高追求。

但母亲毕竟是个要强的人，为人心气儿很高，向来也不愿意给别人带来麻烦，成为大家口中的谈资。她不会用漂亮的言语去乞求别人的照顾与怜悯，反而担心自己无法加班，会导致同事工作量增加，只好在上班的时候刻意减少本已不多的休息时间，争分夺秒做好手头的工作任务。母亲渴望别人可以看到自己的努力、理解自己的苦衷，她在用加倍的付出求得内心的安慰。那时候的我已经记得很多事情，却不能够明白太多，今天回想起来母亲当时的辛苦与无助，内心夹杂着无限的感恩与心痛。

我的妻子为人勤快、生性爱洁，不论是住在农村出租屋、小居室，还是商住房，家中都能做到一尘不染、井井有条。一路携手走来，她全身心地投入到家庭之中，坚定不移地支持我，事无巨细地照顾我。

打理好家庭之余，妻子还颇具眼光和胆识，她挤出时间学习财务知识，并在经过认真观察思索后果断下海经商，先是在建材市场销售陶瓷墙地砖，承包盘活亏损陶瓷企业，后来逐步涉足餐饮、化工、证券基金等行业。风餐露宿，历经艰辛，终于用“认真、敬业、诚信、利他”赢得了客户、合作伙伴的充分认可，取得了事业上的成功。

妻子与我在海边

2020年初疫情期间，妻子与我一起再次反复深入学习《了凡四训》，并主动提出修缮我们在白鹿塬的王家祖宅，从设计方案到选购材料、监督施工，妻子亲力亲为，为家族致富兴旺做出重大贡献，为兄弟姐妹、子孙后代做出了“敬业勤俭、连根养根、自立自强”的优秀榜样。

言传身教、尊师重道，是家风给我的德育传承

中国人讲究居有定所，不管什么时候，住房始终是要紧的大事情。记得最早母亲单位分的房子只有一间子母房，母亲带着我与另一对母子同住一间房。后来条件慢慢变好，房子逐步调换，搬家七次，最终分到一间 17 平方米的房子，带有一个小阳台。从 20 多岁一直到在 60 岁退休，母亲工作了一辈子，不过小小 17 平方米的房子，却已是她这一生所分到最好也是最后的房子了。

虽然住房条件始终不好，却也不见母亲有任何埋怨。逢老家有人来西安，但凡沾亲带故，母亲总要他们省下住宿的开支，招呼来家里歇歇脚。有的时候来人多了，四五个大人小孩挤在一张床上，只能横着睡，但是床的宽度又不够长，怎么办呢？就搬来长凳，枕头放凳子上，头枕着凳子睡。

记得有一年冬天，同村有个邻居来西安卖核桃，其间住在我们家里。她出门卖核桃，由于地界不熟，晚上找不到回我家的路。天黑了，气温很低，那时候也没有电话，始终不见人回来，母亲非常着急，就一个人出去找，天寒地冻的，总算把人找了回来，但自己摔了好几跤，去医院检查才发现尾椎骨折了。老家比较穷，有时候偶尔有村里人乞讨过来，母亲也会请他们在家住两天。那时的我已经懂事，看到他们把乞讨来的东西晒在家属院里，心里觉得别扭，但母亲却并不以为意，在她看来人无论本事大小，总要讨个生活，不偷不抢就不是丢人的事情。

母亲的与人为善，教会了我做人的道理，我看在眼里，意识到做人本应该是这样子的。

儿子在英国留学期间，帮一位同学搬家，从二层楼摔下扭伤了腰，而当儿子搬家时，这位同学答应来帮忙却没有来，儿子有些郁闷，放假回国与我聊起这件事，很是不解和委屈，而且对乐于助人的善行起了质疑，我问他：还有别的同学来帮忙吗？他说都来了。我劝慰儿子，毕竟大多数同学还是来了的，也许那位同学只是另有急事无法赶来，若他确实是故意没来，那他就是一个私心重的人，以后与之少来往即可，但助人为乐总是没有错的。

言传身教是德育，而德育的最佳途径莫过于教育。说来家里并无书卷气，

从小到大，父母对于我们的教育问题便异常看重。作为家中长子，我从两岁起就被送回农村老家，交由爷爷奶奶带大，一直到七岁该上学了，才被父母接回身边，那时候父亲被远派外地，家中只有母亲一人，既要工作，又要照顾家庭，按说对我的照顾，其实是比不上在农村老家的，但是父母亲的态度却很坚决，在他们看来，受教育是最重要的事情，孩子到了上学年纪，必须带到身边管教。

对于教育，父母亲看得通透，他们深信读书明理是为人根本，因此虽然工作忙碌，对我的学习却是格外重视，丝毫未有放松。

父母亲对学校百分之百信任，对老师百分之百尊敬，对学校各项要求也是百分之百支持。从小学阶段开始，有位老师对我的成长影响非常大，几十年过去了，逢年过节我还常去看望她。这是一位语文老师，从小学二年级开始做我的班主任，她的家庭成分比较高，所以虽然是师范学校毕业，在那个年代属于凤毛麟角的知识分子，却也只能到小学来教书。小学毕业后我升到初中，她开始在初中教学，仍然做我的班主任。我升入高中后，她去到高中阶段教书，继续又做了两年我的班主任，就这样整整九年，她一直是我的班主任。

这位老师气质儒雅，不怒自威，教学能力更是出众，深受大家喜欢。从小学生到青少年，我的整个成长阶段几乎都在她的教育之下，令我永生难忘。

父母亲重视家校联系，注重和学校、老师之间进行沟通交流的同时，有意培养我的自主能力，这种方式也不可避免地影响了我对后代的教育。

我儿子五六岁的时候，经常会哭闹着要买东西，有一次，我告诉他：爸爸妈妈的职责是保证让你吃饱穿暖，你的职责是好好学习，责任要分清，我们一定会尽力让你吃好、穿好，但你不能挑吃啥穿啥。儿子好像记住了，从此就不再直接提要求。儿子小学期间在海伦斯诺小学住了一年校，还成为同学矛盾的协调员，就这样，一步一步成长为自立自强的男子汉。

当然，对待孩子的教育问题，我们并不是甩手掌柜式放养，而是在认真观察、全面了解的基础上充分信任、大胆放手，培养孩子自信自立自强的品质。儿子读到高二以后，受好朋友影响，萌生了出国读书的念头，我们也是积极支持。后面他去到英国，从高中读起，一路念到研究生毕业，一直都在自主选择学校与专业。儿子的成长过程中，最令我欣慰的是他的善良与热心肠，最让我心疼的是他在英国留学时候的孤单，他可能受过很多苦却不曾告诉我们，一个人默默承受。

早些年工作忙，没有太多时间陪伴孩子，我的内心充满愧疚和焦虑。现在时间逐渐充裕起来，更加意识到“连根养根”才是人生第一大事，陪伴孙子孙女便成为我非常重要的一件事情。孩子在 12 岁之前，心智还不成熟，最需要的是父母陪伴，陪伴既是深切的爱，也是他所需要的安全感。全身心陪伴孩子是很辛苦，但这个阶段却是美好而短暂的，因为等到孩子长大了，你会突然发现，他已经不再需要你常在身边。如果没有孩童时期的陪伴来沉淀，亲情就像无根浮萍，思念也就成了无源死水。

向善利众、顺势而为，是家风给我的价值观念

生命的价值在哪里，人生的意义是什么？每个人都有自己的理解，我以为可以用“传家增能”四个字概括。在我看来，每个人的需求及发展应该是三个阶段，第一阶段是生存，所作所为都是为了满足自己及家庭生存所需。第二个阶段是享受，功成名就、事业有成之后，开始享受生活。可惜很多人接下来失去了方向，不知何去何从，一味享受挥霍，最终家财败尽，甚至身陷囹圄。

通过对传统文化的学习，让我知道原来人生还有第三个阶段，那就是奉献，怎么奉献？首先是“传家”。既要传小家——立正家风、光宗耀祖、传宗接代，还要传大家——传承民族文化、为国增光、精忠报国。把好的家风传承下去，把民族的优良传统文化发扬光大，这才是生命的终极价值。

“向善利众、坚守勤俭”是我人生的价值观和座右铭，“向善利众”才能把人做好，“坚守勤俭”才能把事做成。我把它作为家风家训传承下去。我的孙子才 4 岁，孙女更是只有 3 岁，却都对这八个字及其简单意义了然于心。

另外我也请书法家写下来，挂在现住处和农村老宅里。

回首过往，良好的家风在我的身上刻下了不可磨灭的印记，虽然历经挫折，但我也始终坚守，咬牙打拼。为了早日工作赚钱，我大学一毕业就开始工作，那时候才二十出头，被分配在一个水泥厂里，厂子不大，总共也就百十个人，我是第一个大学生，后来一路摸爬滚打，其间起起伏伏四上四下，坚守二十余年。

国企效益不好，大家伙一个个下岗却找不到出路，做了十几年陶瓷水泥，其他什么都不会，那是我最彷徨迷茫的时候。我只好一方面外出向朋友及各类专家咨询请教；另一方面待在家里认真看书，学习国家相关政策，思考未来发展方向，平静自己空虚和焦虑交错的复杂情绪，慢慢地，我认识到了自己想要的大道——顺势而为。

如何顺势而为，我的理解是要看方向。可是方向在哪儿？其实我也一时说不出太多所以然来，就和几个朋友说跟着国家政策走，国家要求做什么、想要发展什么，我们就做什么。当时党中央提出再造一个山川秀美的西北地区，“山川秀美”的说法吸引了我们。也是机缘巧合，我们开始做花卉生意，鲜花盆栽大受欢迎，生意慢慢有了起色。后来我在杨凌国家级农业示范区租了一块田地，进行人工育苗，接着开始成立公司，搞苗圃、绿化工作，慢慢地，企业就做起来了。

1999 年，我带领一群下岗再就业的国企干部和职工，进驻西安市雁塔区杜陵塬垦荒植树。那时我的心里始终憋着一股干劲，无论付出多少辛苦努力，一定要把事情办好。后来才得知，杜陵塬近百年来，先后已有八次植树未成林的历史。“无知者无畏”吧，我们克服一切苦难，拼搏了七年，付出了加倍的辛苦和心血，在农业专家的指导下，培育出高新特树木 200 余万株，打造出西安万亩都市森林核心区——雅森上林苑千亩生态林示范区，使昔日杜陵塬的荒坡，变成了今日鸟语花香的都市森林、城市绿肺。这一过程花去了整整 20 年。

企业顺风顺水步入正轨，还没来得及松口气，却又因文物政策管控，我们不得不再次寻求新的发展方向。当时国家发出加强青少年素质教育的号召，我和班子成员达成共识,决定创建青少年素质拓展基地。这是一个崭新的领域,如何切入进去,实现各方共赢呢?又一个机缘,一群“时尚青年”与我们进行合作,在我们的千亩生态林中联合经营风靡全国的“真人 CS”项目,在这一过程中,我又发现了内涵丰富、主题新颖的红色主题户外活动,此类活动不仅参与度高,同时兼具教育性和娱乐性,深受青少年喜欢。于是我带领一班人北上南下,用时半年先后考察了北京“生存岛”、上海“伟成”、广州“乐翻天”等在全国有很大影响的青少年素质拓展基地……最终在 2007 年投资上千万,建成了占地近千亩、西北规模最大的陕西雅森青少年素质拓展基地,以“阳光快乐我能行”为主题,主打体验式教育,深受教育界人士和青少年们的喜爱,成为国家中小学“研学旅行”的先行者。

投身教育事业越久,我越感到教育的事业的神圣与深邃。百年大计,教育为本,我认为教育是最有力量的善,特别是品德教育,能积百世之德。这些年来,我们也在不断思考、调整教育的重心,探索研学的新方向。我不能把教育只当作生意来做,要做“有根育德、寓教于乐”的体验式教育,要把教育与弘扬历史文化结合起来。为此,我们建起了“西安秦砖汉瓦博物馆”,以“秦砖汉瓦吉祥如意、大国工匠、家国福根”三大文化为基础,大力开展“巧手匠心、大国工匠、寻根连根、自信感恩”的深度研学旅行。

从原来不自觉的生存,到现在有意识的投入,我们顺势而为、自强自立,从事青少年教育事业,我们是快乐、充实而有意义的。

回首创业历程,当时没有一蹶不振,离不开父母的默默守护,离不开妻子的鼓励支持,他们不会讲大道理,因为担心刺激到我,甚至不会多说一句工作上的事情。筚路蓝缕,世事艰辛,很多时候都要咬着牙齿苦苦坚持,没有家庭教育给我的性格磨砺,我想自己是很难坚持下去的。

儿子结婚的时候,我在婚礼现场送了他们两句话:自尊自爱诚信善良、自强自立勤俭务实。希望他们“遵天道,从善业,修正果”,遵天道就是要顺应大势,什么是“天道”?《道德经》最后一句话点明:“天之道,利而不害,圣人之道,为而不争。”这句话,是我几十年人生经历的深刻感悟。

体悟经典、坚守初心，是家风给我的企业文化

我是母校西安文理学院创业校友会的会长，同时也是学院的创业导师，经常会给快毕业的学生们分享交流传统文化。大学毕业生即将步入成人社会，对他们的引导教育，已不在嘴巴上，而应在历史中。我始终认为大学生应该尽早接触传统文化，传统文化并不一定需要作为学科知识去学习，更多是对中华5000年文明养分的汲取，在潜移默化之中熏陶修养、体会规则、增进智慧，进而学会为人处世，和谐融入社会。

在我看来，企业与家庭二者概念虽有不同，但有相通之处。我们公司的愿景是打造“百年雅森”，百年品牌绝非朝夕之功，经营这份事业和打理一个家族一样，家风传承也好，企业文化也罢，都离不开对传统文化的学习，离不开言传身教的影响。

我经常要求员工设身处地、换位思考，假如自己是客户，需求会是什么？首先得是“感动”，企业向客户提供的产品能否感动客户，是企业生存发展的核心竞争力。其次是“幸福”，企业像个大家族，要想步调一致朝前迈，必须让全体成员融入进来，在工作与生活中同心同德，上下同欲。勠力同心的前提是让员工拥有“幸福感”，否则一切便无从谈起。第三是“奉献”，要为社会做贡献。有奉献精神的人自然也具备担当意识，因为奉献是一种付出，一个自私的人、一个自私的企业是不可能拥有“奉献”这一价值观的。因此，“感动、幸福、奉献”成为我们百年雅森的核心宗旨。

雅森百年宗旨的确立，正是通过对《弟子规》等国学经典的学习而总结出来的。《弟子规》虽然文义简单，却道尽孝悌仁爱，简单明了，令我对之情有独钟。我印制了数万本黎红雷教授编辑的企业版《弟子规》，员工人手数册，鼓励大家推荐给家人朋友。《弟子规》是人生精神的第一桶金，它教人最淳朴纯粹的是非与标准，与我们的企业精神完美契合，这本书有些人是下功夫通读过的，但也只是“读”，而我要求深入地“学”、切实地“做”，这是一堂必须补上的课程。我自己以身作则带头学习，创新学习，把相关学习和践行情况纳入企业管理及考核之中，还安排集团办公室专人负责制订《弟子规》学

习计划及安排，要求员工每周一、三、五，利用半个小时分阶段背诵有关段落并结合实际进行分享，每周二、四在微信群里诵读，穿插观看《了凡四训》《活着》等视频，统一学习《了凡生意经》，要求所有高管对照自己所作所为进行剖析分享。

通过对《弟子规》的深入学习，公司逐步树立固化了自己的企业文化，确立了我们的使命是“弘扬秦砖汉瓦，助力少年担当”，我们的核心价值观是“向善、利众、坚守、勤俭”，人要有一颗善良的心，一颗利他的心，一颗坚韧的心，凡事不能只考虑自己，把客户的事办好，把公司的事办好，把同事的事办好，那自己的事自然而然也能办好。只有这样“遵天道”，事业产业之“基”才是坚定厚实的，才能令顾客感动、让员工幸福，才能为社会奉献，才能实现百年企业，本枝百世，让世代子孙都能实现“传家增能”的生命价值与人生意义。

第九章　言传身教 源远流长

周南征口述，洪雅撰稿

周南征，广东翔蓝企业管理顾问有限公司总经理。博鳌儒商大湾区理事长。17 年来，以独创的“理念 × 战略 × 量化管理”三维生命型经营为中心，参与和主导了日本和中国零售、制造、高科技服务等行业顾客企业的经营理念的制定、Only-1 市场战略的明确、提案型营销模式的构筑、承包型独立核算分权组织的建立、能力价值主义业绩评价制度的导入等。2003 年以来，重点对中国企业进行经营诊断、指导，在企业的经营诊断、经营指导、中高层人才教育培养方面有着丰富的实战经验。丰富的人生经历和工作阅历反映的是家庭教育的深远影响。

我是周南征。我理解的家风是由内而外，细枝末节见真知；由近及远，言传身教的家风。家庭的风气和父母亲人的风骨一直是我人生路上的警钟和灯塔，指引着、影响着我踏步前行。

中华民族一直都非常重视家庭文明，家风文化是中华传统文化的重要组成部分。我理解的家风，就是在待人处事上体现的一个家庭的思想品德教育。外婆、母亲、妻子用言传身教、谆谆教诲的方式成就我的个人品质，父亲、舅舅、哥哥用以身作则、潜移默化的方式指导着我前行，是明灯亦是铜镜。现在讲述我记忆中的亲人和感悟。

爷爷和奶奶

我与家人在老家

外婆：致我以知识的启蒙

外婆是一个非常重视家庭教育的人。小时候由于我们家的地主家庭成分，我的梦想就是长大了以后，通过当兵改变地主的这种身份和地位，所以每天会在我外婆面前拍胸脯，说将来要当兵。外婆也很爱我，那时候在外婆家过年过节，就会杀鸡，一只鸡大概可以吃两个礼拜，每天都翻炒一下。食物没有了，我们就吃酱油，所以，我们家的筷子前端都是亮晶晶的，因为我们用筷子点一下酱油，然后舔一下酱油，配一口饭，如此反复，所以筷子越来越轻。我是在这样的环境下长大的。当时有社会地位的人过得比我们好，但别人家怎么过我不知道，当时一般中国人的生活水平差不多都这样。外婆对我的教育很注重，会讲像东郭先生这样的故事。那时候我写的毛笔字都会挂在教室的墙壁上，从家里回到农场家里做作业的时候，很多农场的人过来看我写作业。外婆对我教育上的熏陶，让我从小就知道学习的重要性，让我开始喜欢学习。

母亲：教会我坚韧不拔

母亲的目标意识很强，这点对我的影响很大，让第一的目标意识深入我的骨髓。这也促使我在今后的求学、工作生涯中努力奋进，力争上游。记得当时上的是村办小学，老师的收入比较低，所以老师们会有自己的副业。副业就是养猪、种甘蔗，同样会种些冬瓜、西瓜去卖。而负责种这些的就是我们这些上一年级、二年级的学生，我们帮老师种菜养猪。种菜是需要肥料的，于是，老师让学生把家里的肥料挑到学校。我不是因为瘦弱挑不动，而是因为走路上学需要 30 分钟，这么长的路程，中间还需要经过上坡和坑坑洼洼的地段，我挑不过来。于是，很多家长就会帮自己的小孩挑，但是大多都只是挑一点点过来。我母亲不一样，每一次她都是重重的一担挑过来，并告诉我：老师、学校要求我们做什么，我们一定要做并且做到最好，更要做第一。我母亲就是这样，教育我做事情就要做到最好。在这种环境下，我培养出了“第一”的目标意识。

我母亲经常教育我的另外一个就是同甘苦、共患难。主要有三件事令我印象深刻：小学的时候，换了个学校，一路上到五年级，而新学校与家的距离比原来那个更远一点，从我们家走路上学需要四五十分钟或者更长。我每天6点多起床，然后走路到学校去上课，下课之后再走回家。当时我记得很清楚，父亲母亲都很忙，当时街上也没有什么做早餐的，就买了类似月饼那样的东西当早餐。每天，都会给我一个饼，但我都舍不得吃。一个饼我要分好几天吃，吃不完的放哪儿呢？我将它放到米缸里头。现在回想起来才知道我们以前吃不完的鸡蛋，当时没有冰箱储存怎么办，就是放到米缸里，放在大米的上面，这样能够保存很久。这是第一件令我记忆深刻的事。

当时，我们农场种了很多的甘蔗，每天农场都会用车把甘蔗拉到糖厂去卖，而车拉甘蔗还都是半夜做的，结果马路上会有一些从车上掉下来的甘蔗。因为我们是最早走路上学，在去学校的路上会有很多的甘蔗，我们就把它捡起来，然后藏到山里头，放学之后就把甘蔗拿回家去跟爸妈一起吃，这是第二件印象深刻的事了。

我与父亲母亲

第三件印象深刻的事是去了新的小学之后照样要种冬瓜、要养猪，然后到暑假的时候猪养肥了也会杀猪。杀猪就是老师分得最多，然后每个小孩大概分半两或是二两肉，再配上一包冬瓜糖。很多孩子在学校就把糖吃完了，我就吃两口糖，把冬瓜糖和猪肉拿回家去，然后把母亲叫回来一起吃，让我体验到共患难、同甘苦。我的母亲在艰苦的环境下长期劳作，对每一件事要做到最好，每一件事都要做到尽善尽美。而这些母亲通过行动教育我的品质，不仅成为我个人的品质，也为我教育孩子奠定了十分重要的思想基础，充分体现了言传身教的重要性。

父亲：教我以宽厚待人

小时候的我，性格在很大程度上像我父亲，不怎么说话，但是内心很温热，改变是从初中开始的。我记得很清楚，初中时我当了班里的团支书。有一次，我们班主任问我说，这个女孩子申请入团，你的意见如何？我不禁在心理打了好几个问号，这个女孩子是谁？我知道名字，但为什么会不知道这个人？究其原因，是因为当时的我很害羞很内向，不敢和女孩子说话，更别说和女孩子沟通了。但是因为这个事情让我很尴尬，所以我从二年级开始，决定做出改变，那如何改变呢？我是一旦做了决定就会采取行动的人。于是，每一次坐公交车回家时，不管旁边坐的是谁，老人也好，年轻人也罢，不论男女，我都会壮着胆子一路跟他聊天，整个聊天的过程一般会持续一个小时，因为天天坐车回家，这样就把我的沟通能力锻炼出来了。所以我就是通过对自我意识的改变，并且逼迫自己去采取实际行动，不断磨炼，将沟通能力培养起来。我现在对我的孩子，包括对我的同事，都有一个要求，就是一定要具备这种沟通能力。不然你就不敢倾听，不好意思说话，更不知道怎么表达你内心的想法，我认为这是我印象比较深刻的第一次自我变革。从那以后，我像变了一个人，会去参加歌唱比赛，更夸张的是，我经常一个人在家里吹笛子，然后唱歌，到后来自己看着乐谱唱歌。从一开始只是在没人地方唱，慢慢地逐步转变为在很多人的面前唱歌。上了大学之后，第一学期过后，我还当了力学系的团支书。学生时期去参加歌唱比赛，我不仅要当指挥，还要领唱。这样，我的大学生活越发活跃。总结来讲，就是从小学、中学到大学的一些经历，对于这个过程可以这么说，小学的后期开始对我基本人格的形成起了很大的作用，到了中学应该是有了第一次的自我变革。

从镇上小学进中心小学是要经过选拔的，当时选拔了三个人到中心小学，那时候我的想法是任何东西都要拿第一，但是刚去肯定拿不到第一，所以虽然努力学习，但是没有拿到第一。然后，那时候我也比较喜欢玩，白天学习，晚上摸鱼。到了五年级，要选拔一些人参加市里的比赛，我没有选上，因为失落，所以学习更加努力。小学考初中的时候，我是我们镇上的第一名。在小学学习的过程中，我印象非常深刻，父母亲非常坚韧勤劳，没有叫过一声苦，没有叫过一声累。他们把那种基因都传给我了，干任何事情都不输给别人。

我父母对人都很包容，非常喜欢帮助别人，比如说村里头有人过来了，看到我们家吃饭，因为跟我父母比较熟，过来跟我们聊天，我父母就会请他们吃饭，其实，当时我们自己都吃不饱，但只要有人过来我们都会请别人吃饭，对人包容就是道义助人。

舅舅：教我要高瞻远瞩

从我懂事开始，我舅舅每个月都会到我们家里，跟我父亲母亲讨论一些事，特别是跟我父亲讨论一些国家大事，讨论苏联跟中国的关系、美国跟中国的关系。渐渐地耳濡目染，我自然而然也开始关心国家大事。所以，到了中学之后我经常读的报纸就是《参考消息》，这个报纸到现在还有很大的发行量。可以这么说，这种环境，把我培养成了具有所谓的家国情怀或是有宏观视野的人格，我舅舅和我父亲交流预测的事情，最后大都实现了。舅舅对国家大事的关注和解读，为我打开了认识世界的大门，驱使我形成长远的目光看待世界。

哥哥：给我以榜样

我的哥哥从小就很优秀，为我的学习生涯树立了一个很好的标杆。那时候，我们高考还有文理分科，学习好的 90% 以上都选了理科，只有学习不好的才会学文科。那会儿我的理科成绩在理科班里面不怎么样，我们班主任希望在他的文科班有几个人能够学好，就非要劝说我读文科。但那时候我们哥儿俩说“学好数理化，走遍天下都不怕”，所以我们就选择理科。当时如果选文科的话，可能我现在人生也不会发生根本的改变。当时选择理科，因为理科进了中大的应用力学专业，专门学物理的。然而大二的时候，我却开始对企业管理感兴趣，慢慢地，我的心态也开始转变，当时的我，觉得物理这种学科很难去改变一个社会，但是企业管理可以。当时中国受日本的影响蛮大的，那时候我哥大概每一年会回国内一趟。每次回家的时候都是带着家电回来的，像电视机、电冰箱那些。我算了一下，比较大的一台家电换算成工资，可能要两年才能赚回来。如果把这个家电卖给别人，相当于你赚了当时一个公务员两年的工资。所以，那时候我们中国人对日本是很关注的。其实从改革开放以后，我们中国有非常多的领域向日本学习，也是从那时候开始，我对经营管理产生兴趣。最开始感兴趣的是松下，那时候买了不少松下幸之助老先生写的书，买来开始看不懂，但是又喜欢看。从大学二年级我就开始读企业管理，还有文学。教学和文学，这两样东西在大学时期是对我影响比较大的，但更多的还是受日本的企业管理的影响。1993 年的时候，我哥说他准备去美国哈佛大学做研究，说我要是再不去日本的话就没机会了。其实我哥在大学二年级的时候就叫我去日本留学，我说我不去，我说我现在必须工作，大学毕业工作两三年，了解中国的状况之后才能出去。到了 1993 年，他告诉我这是最后的机会了，不然就没机会了。所以我去了日本，在北海道大学待了三年时间，去了就改学经营管理专业，当时叫经济学部。在学习的那段时间，当时我们学校可以说是尤其适合没日没夜学习。我那些日本的同学，都是社招工作之后又想去拿硕士学位、拿博士学位的，我跟他们都是很要好的朋友。当时有个日本同学的妈妈做了午饭，中午还会带饭团到学校，会分给我一个。那个同学现在也在大学当教授。我这些日本同学都很优秀，胸怀也很宽广，所以报纸上现在说什么日本人反中，按照我的角度基本看不到，因为我看到的都是很热爱中国的人。当然他们在日本算是最优秀的那部分人了。我们关系很好，我也体会到了人和人的那种善良纯真，这才是根本的。但我当大学教师的一些同学，说现在去日本留学的人跟我们当时就不一样了，现在日本留学的年轻人差不多都是90后。在我的求学生涯里，我哥的谆谆教导一直指引着我不断前进，不仅是因为他的榜样力量，同样是因为他在每个关键节点都能给予我正确的指引，就像灯塔一样，在我迷茫的时候指引我找到正确的方向。

我与哥哥

妻子：和我相濡以沫

我们经常讲命运、认命什么的。当时我在北海道上大学，所有的留学生加在一起可能也就是二三十个人，每到礼拜六礼拜天，大家都会聚起来，轮流介绍自己研究的课题、研究成果并讨论，或者一起到校外去旅游。蛮有意思的一点是什么？当时我们都骑单车出去了，刚才说日本国家很好，就你把单车放到家门口都不用锁，没人偷。当时我们骑单车出去旅游，同学就拍张照片，旅游结束之后把照片分给我们每个人。后来我在其中一张照片里发现我太太，她在前面，我就在后面。这就叫命，蛮有意思。我太太是学化学材料的，我27岁去的日本，30岁跟我太太结婚，然后我太太接下来还要继续深造，所以我就比我太太先毕业。所以人和人的这种相识，我认为要认命。这是我读书的时候一些印象比较深刻的事情。

在只有一个孩子的时候，我还不觉得我太太是多么优秀，因为小孩已经送到国内来了。像三年之痒、五年之痒的说法，我跟我太太也一样。当时工作很忙，我太太毕业之后工作的那三年，两年中我们经常吵架，吵架时我太太不认输，我也不认输，所以经常冷战。我真正懂得我太太的伟大是她怀了老二之后。2000年之后，东京和广州两边跑，我太太怀着孩子工作，还要照顾老大，所以每天都起得很早。在这种状况下，刚好那天我回日本，因为她是做化学材料的，做实验的时候不小心大拇指被设备压了，整个手指甲都压没了，然后还怀了老二，那时候我特紧张。我立刻让人叫救护车送我太太去医院，医生问我，你是要修复手指头还是要把手割了？我说无论如何你必须把手指头保住，能够修复到什么状态就什么状态。那一刻我知道了什么叫夫妻同心，从那以后夫妻同心的这种感觉就特别强烈。

我与家人（左起：小儿周世浩、我、妻子吴岚、大儿周世昭）

生老大的时候，我没有去陪我太太，是我岳父岳母陪我太太进了产房，然后老大出来之后，护士举起来给我们看。生老二的时候，我觉得这样不行，我必须跟我太太一起进产房。那进产房之前你要做什么？那就是培训，每次大概半个小时。然后生老二的时候就进了产房，我们家老大顺产的时候很顺利，生老二的时间很久，好像有四五个小时，小朋友总不想出来，很辛苦。后来我太太说再要个老三，我说不行，看着我太太那么辛苦就不敢要了，就把那念头打消了。本来想要的，如果当初我不进产房的话，我们家可能就会有老三。这是我对太太的第二点看法，对家庭的看法发生根本性的改变。老二出生之后，就等于要同时带两个小孩，一个送保育，一个要送上小学，所以每天五六点就要起床，洗衣服、做早餐、送孩子上学，家里就一个人，当然老人轮流去，但是肯定会有空当。太太有时候赶不回来，于是我们雇了保姆。日本的保姆跟日本企业雇用的员工费用差不多，所以有时候迫不得已要请保姆照顾两个小时，回来之后再把孩子接回家。但太太也要工作，在企业里头担当的任务也很重，又要同时教育两个孩子，所以这时候我就彻底改变了对太太的认知，改变了对女性的根本认知。我觉得女性比男性更伟大，太了不起，很多女性能做到的事情，男性根本就没办法做到。我们得好好地去体会，从那开始，吵架基本上就很少了。当然也有一些观点上的争论，但那时候我对我太太更多的就是敬爱了。

还要讲的一个是，结婚之后对家庭生活必须努力。从哪里开始？从对对方的包容开始，一定要对对方敬畏、包容和敬爱。我太太的性格跟我很互补。我有时候碰到事情会急，而她不急，所以我急的时候也会缓下来，并且她的胸怀、格局也很大。我这里讲的是夫妻关系，夫妻之间关系出问题的时候怎么解决？现在都讲婆媳关系不好处，是吧？我太太跟我母亲的关系很好，我母亲觉得我太太是全世界最好的儿媳妇。为什么那么好？理由是什么？就是我自己要做到比我太太对她的父母还要好。你做到这样的时候，婆媳关系、夫妻关系的很多问题也就解决了。这是我对夫妻关系一些基本的认识。

妻子与岳父岳母

工作：给我新的认知

家庭教育对我性格、人生观的形成是深远的，而价值观的形成和定型固化，是在我毕业后的工作中，时间上是从 1989 年到 1993 年，前后一共 4 年。我认为这段时间对我有很大的作用，是我人生比较重要的一个时期。这个时期如果处理不好，我的一生，可能后半辈子都会受到影响。我当时是在海南省建筑工程总公司工作，这是一个国有建筑公司，也是海南省最大的一家建筑公司，我在里面做技术员。当时我刚刚大学毕业就负责一个工地；而这些工人都是“老人”，是国有企业的老员工。那时候他们有一个队伍，有二三十号人，我的工作就是监督和管理，由他们把一栋楼的基础做好，我去做定位，定位之后他们就去打桩。比如说这是一根桩，要不断拉高再把桩往地下打，连续拉到指定的高度，如果不能进入到土层的，超过三厘米，就说明你已经到达硬土层了。打到硬土上的话，那就合格了，然后就把钢筋混凝土倒进去就可以了。这个标准是很简单，但实际工作就不简单。这个工作是什么呢？桩打完了以后监督会过来检验，会在桩上加上铁块、混凝土块来检测是不是合格的。不合格就要追究责任，怎么办？这个工作对我的教育也很深刻。有什么教训呢？首先是我自己没做好，我负责监督他们，而每个人都不希望被监督。这些工人在我在的时候工作得很认真，要去检查他们的时候，他们会梆梆地敲实，说你看三厘米不到，可以合格了；结果一眼就看破了，这个锤子打到桩上的冲力就不够，敲 20 下可能也下不了三厘米。工人就想忽悠，结果我就跟工人们吵，吵起来了关系就处得很不好。由于我大学的时候学了管理，这时候还是发挥了作用的，所以很多你学的东西肯定会有用。结果就从经营管理的角度去对这些事情进行总结和反省，写了一篇文章发到了我们总公司，总部要把它发到总公司的刊物上。我要勇敢地去面对问题，不怕冲突；我还给总公司提出一些整改的意见。这样做了以后，当时总公司有一个副总就想把我调到总公司去，他跟我讲以后这个位置就是你的了。但是我那时候不想去，不想到总公司去做，我喜欢在工地。所以对监督质量一直维持了这种工作的状态，对工人们要求很严格，不能做亏心事。国有建筑公司找不到货，都是民营的个人老板，我们叫个体户，挂靠到我们公司，然后由我们公司的名义去招投标，拿到货了，然后我们公司派我这样的技术员去监督，所以中国的这种建筑行业的体制有大问题。当然最后也碰到了一个朋友，就协助他去完成了不少工程项目。如果没有这段经历可能也没有今天。我发现工人能够质朴，但也能做小人。反过来说，如果不是有利于自己，他就觉得没意思。但是这些道理那时候我不懂，我只会按照标准去要求别人，所以就没有跟工人处好关系。这也是国企的特点。国企是很难用制度去管的，但是你必须有技术性的制度。最后我的经验是什么？一定要建立以人民为基础的制度，在这个基础上要处理好人和人的关系，必须是在制度的基础上。处理与任何人的关系，不单纯是对工作，对家庭经营也一样，一定要有技术性的制度。

孩子的教育：传承家风，取其精华

家风在我对工作、家庭和世界的人生观、价值观形成上有莫大的帮助，我在人生路上不断地去丰富自我，同时也为孩子的教育奠定了基础。在孩子教育上，我主要有以下三个认知：

我的两个儿子

第一，因为我们当时是地主的这种身份，在我们家只能靠学习来改变自己的命运。所以我从小就注入了“学习是很重要的”这样的基因。另外，当年受到我们中国传统文化的影响，中国传统文化都非常重视教育，说“学而优则仕”,学好的还要去当官,所以我们非常重视教育。但是我经常在中国出差，我去日本基本是一个月一趟，最多在日本待一个礼拜到 10 天，然后就回中国，我太太要工作又要带两个小孩，虽然我们很重视教育，但刚开始的教育也不得法，经常会教孩子干这个干那个，必须这样必须那样，所以两个小孩都很怕，每一次到日本，他们偷偷问我太太说爸爸什么时候走，回来不要在家里，我一到家里他们就紧张。在这种状况下，亲子关系就处不好。老大也很有个性，你越要求他就越反抗。他越反抗，怎么样？向我学习，比如你的学费都是爸爸努力工作给你的,然后给了钱让你交学费,你还不好好学习。我很生气，觉得你要用心学习，后来反思孩子内心并不是不想学习。所以到最后我做了反省，我总认为好不容易有时间在家里，时间又短，回来就要严格要求他们好好学习，要每天进步，但是你越是这样想的，越事与愿违，越达不到效果。最后孩子们也很紧张，亲子关系也变得很紧张。最后，就做了反思，再这样下去就不行了。问题在哪里？首先，自认为自己时间很宝贵，我给了钱，所以你必须学习，实际上这种教育的曲线动力就是索取了，因为我给你钱了，因为我给你付出时间了，所以你就必须学好，这就叫索取。如果动机是付出，我们就会得到纵向的回报。动机如果是索取，得到的就是被迫学。我们这样去要求孩子实际上对孩子是一种索取：你学习好了，我们面上才有光，才能够满足父母的虚荣。实际这种索取，从动机一出来，这种交易就注定失败的，造成孩子只会变成两种人，要不就叛逆对抗，要不就听你的话，变成了一个软柿子，变成毫无个性的，我们叫庸人。所以我反省了第一点，就是对孩子的教育不能再索取，应该付出。

第二，因为我的时间很有限，孩子跟父母沟通的时间更有限，他的时间也很宝贵，所以我们对孩子的教育必须在孩子和父母亲最宝贵的时间里去做最有价值的事情。比如你爸妈一回家就经常跟你说，你要好好学习，你吃饭的时候还要唠叨，说你要看书，你看电视的时候也在那边唠叨，这种教育是很不好的，这是低效率的沟通，跟孩子的沟通必须有效率，这样的沟通就是最好的教育。

最后，我们创立了一个家庭会议的方式，就我们家里每个月会定期开会，我们四个人要喊起立，然后说请多关照，接下来每个人汇报。第二就是上个月的反省，上个月定的目标，这个月你做得怎么样，做反省，然后原来做好的事情是什么，不足的是什么？然后下个月的目标是什么？每个人都要摊开来在桌面上谈。这种状况下就是父母亲对孩子的期待是什么？你下个月应该注意什么？当然孩子也会给父母提出要求，说妈妈你上个月你这样做，我认为这个月你应该这样改。我们进行一种平等的、真诚的，但是又是严肃的沟通，反正在家庭会议上面定下来的下个月的目标，下个月你就必须做到，说到了就必须做到。我们每个人每个月会读一本书，首先两个孩子会发表读后感，每个人都要发表自己的感想。结束之后再喊起立，然后要相互感谢。我们家觉得是有效率的沟通教育，在重视的场合、以重视的心态去说重视的事情，去讨论重视的事情。然后除了家庭会议之外，关于学习的，该改还是要改的，基本就不说了，共同跟孩子沟通，学校发生了什么，自己看到了什么，自己的工作状态是什么，我现在经常要打电话给孩子汇报，我在哪儿，在做什么。孩子也会说他在学校的状况，双方做这种轻松的交流，但要求孩子要定目标做改变。

关于孩子教育，我们有四个家训，三个目标。四个家训分别是志向、大事、勤奋和自律。现在我跟我的太太孩子们一起讨论，立下了这四个家训。当有任何问题，比如说服不了孩子时，我们就跟孩子们坐在家训前面，说这问题怎么解决，孩子自然知道怎么办。三个目标，我们认为就教育孩子最重要的有三个项目。第一是意志力，第二是沟通能力，第三是体力。意志力是什么?那就要定好目标，定好大的目标，大的志向，说到你必须做到；自己对别人的承诺，你就必须彻底做到，绝不找客观的理由，这叫意志力。第二就是沟通能力，沟通表现在两个方面，首先就是换位思考，对别人要有十倍包容，另外，就是语言表达能力、外语能力，这叫沟通能力。第三个就是体力。这是对孩子的教育。

我与家人在一起

最后，我总结一下对家风的认识：家风反映的是家庭教育，家风影响的是个人、家庭和社会，家风教育需要言传身教，家风传承需要取其精华，青出于蓝。家风育人，家风孕育社会风气，家风的影响源远流长。

第十章　做事先做人 立业先立德

龙其伟口述，张海媛撰稿

龙其伟，广东廉江人，出生于1967年。广西华业投资集团有限公司总裁、廉江市席草陂华业希望小学名誉校长，历任防城港市人大代表、防城区政协常委、自治区工商联常委、自治区社科联委员、防城港市工商联副主席。

我是龙其伟。我理解的家风就是每个人在成长过程中所受到的家庭教育和家庭氛围的影响，是家庭给每个人确立的为人处世的价值准则。我的父母教导我，要勤奋好学、开拓进取，要兄弟团结、夫妻和睦，要心怀感恩、回馈社会。

我的父母：勤劳、善良、孝顺

我父亲是一个地地道道的农民。他年轻的时候在杭州当过八年兵，转业回家后自主择业在高桥镇中心学校教了几年书，后来又在一家企业里面做过几年维修工作。此后父亲就回到家乡务农，靠着勤劳的双手养育我们四个子女，供我们上学读书；我在家中排行老大。父亲在军营中的经历，让他养成了吃苦耐劳、雷厉风行、少说多做的习惯，因此，他对我们的教育也常常是慈爱中饱含着严厉和坚定，这也在潜移默化中影响着我，让我在今后的学习、生活乃至工作、创业的过程中都获益匪浅。

我刚出生不久，父亲就去当兵了，我小时候都是在母亲的陪伴下成长的，到我八岁上小学，父亲才回到我身边。中途父亲回来过两次，我印象最深刻的是有一次他回来给我带了一支钢笔，并勉励我要好好读书，只可惜这支钢笔后来弄丢了。但我时刻谨记父亲对我的教诲，对读书这件事有了更深刻的认识。

父母合照

记得小时候父母常常教导我做人要有孝心、善心，要懂得尊老爱幼，对此我铭记于心。“良好的家风都是代代相传的，我们现在对爷爷奶奶好，以后我们老了，你们也会孝顺我们，等你有了孩子，他也会感受得到，也会学习孝敬长辈。我们要按照这种传统的方式把良好的家风代代传承，发扬光大。”我的母亲一辈子都在辛勤劳动，她善良、坚强而温和，自父亲去当兵后，她瘦弱的身躯挑起了照顾一家老小的重担。她是一个非常孝顺、非常善良的人，对双方父母、对兄弟姐妹都非常好，同家乡村里叔伯姑婶乡里乡亲的关系都处理得非常好。母亲在我幼小的心中播撒下孝顺、善良的种子，至今仍深深地影响着我。我的爷爷奶奶都是老实巴交的农民，文化水平不高。从我记事起，我从来都没见过母亲和他们吵过架。那时候家里经济条件不好，母亲就算自己节衣缩食也要把爷爷奶奶照顾好。逢年过节她自己舍不得买衣服，把省下来的钱给爷爷奶奶添置衣物，平时做好吃的都必定有爷爷奶奶的一份。在爷爷奶奶生病的时候，母亲照顾得细致入微，十分体贴。印象中，有一次奶奶半夜发高烧，严重时上吐下泻，刚好同村的医生到另一个村给人治病，为了不耽误病情，母亲毅然背上奶奶赶了几公里路找医生给奶奶看病。至今她赶路时瘦弱的背影仍时常在我脑海中浮现。从母亲的身上，我感受到了孝顺这种美好的品德，它可以让家庭保持和睦和温暖，也可以让一个人的心灵闪闪发光！

父母的教诲：勤奋好学、开拓进取

小时候父母不仅教育我要懂得孝顺、感恩，还常常教育我要勤奋好学、开拓进取、兄弟团结、家庭和睦。

我们从小就被父母教育要好好学习，只有读好书，走出家门才能够做好自己的事业。所以父母尽全力为我们创造好的学习条件，一心培养我们成才。1986 年我参加高考，遗憾落榜。当时父母劝我复读，但我知道自己是家里的老大，弟弟妹妹还在上学，为了减轻家里的经济负担，我放弃了复读的机会，跟着我的一个叔叔到南宁务工，进入建筑行业，并用赚到的工资贴补家用。让我印象特别深刻的是，当年外出务工和父母在车站分别，父亲把省吃俭用的 400 元钱塞到我手中，交代我在外要照顾好自己，找个稳定的工作，到时再娶个媳妇，说这就是父母最大的心愿。

早期与母亲、女儿合照

我当年刚进入建筑行业，一开始是跟着一个师父学习。师父见我勤奋好学，而且很懂感恩，他很愿意教我，带着我一步一步深入建筑行业。直到现在我仍对我师父充满感激。我一边跟着师父学，一边自学，进步很大，日积月累，慢慢地就爱上了这个行业。我在建筑工地从小工开始做起，一路从施工员、技术员做到了工程师，1996 年再到国企当总经理，直到后来创办了华业建筑公司，我在这个行业一干就是 32 年。我在做学徒的过程中，一边工作一边学习，把坚持学习和提升自己当作一种习惯。现在只要有机会、有时间，我就到北京大学、上海交通大学等知名学府学习、进修。我热爱学习的习惯也是受到父母的影响，他们一直教导我们几兄妹要勤奋好学、正直做人、诚实守信、敢于开拓。正是他们的谆谆教诲，让我从一个农村青年慢慢成长为能为社会做贡献的企业家。

在建筑行业摸爬滚打多年，我确实积累了一些经验，到了 2002 年，我就从国企跳槽出来，自己创业。父亲得知我的想法，很支持我，他勉励我“天生我材必有用”“天高任鸟飞”，只要决定了就要坚定信念、全力以赴，勤奋学、踏实做，坚持朝着一个方向去努力，终有一天会实现自己的目标。

家人齐心，其利断金

当时家里经济条件有限，我创业的两万元启动资金还是我姑姑借给我的。当时我姑姑一家在深圳开工厂，虽然没有特别富裕，但是比我们家条件好；只要我们遇到困难，她都尽力帮助。后来我自己做企业，条件越来越好，就加倍偿还了欠她的钱。直到现在我都非常感激她，每年都去看望她。我们家族是团结和睦的，就像我父亲常说的，家和万事兴，哪家遇到困难，大家都要想办法去帮一把。我小时候父亲在外当兵，我跟母亲生活在一起的时间比较长，我在家里排行老大，所以我可能承担的东西要多一些，比如说协助母亲料理家务、照顾弟弟妹妹等。幼年的成长经历让我早早体会生活的艰辛与不易，也让我明白了作为长子、兄长要承担的责任与担当。我们兄弟姊妹之间不管做什么事，都是互相帮助的。比如我弟弟，当年我资助他上大学，他大学毕业之后，我看他学的专业刚好也是建筑方面的，就让他到公司工作。那时公司刚刚创立，规模很小，十几年来，我和弟弟一起奋斗，用心经营企业，后来公司规模越做越大，但是我们兄弟从来没想着分离。我们兄弟在生活中感情很好，不分彼此，但在工作上分工很明确，做事有商量，在家是亲兄弟，在公司就以员工的身份相处。我妹妹早年到了珠海工作，工资收入刚好够生活开销，我们当时考虑女孩子离开家乡，在一个新的地方要长久稳定，还是得有个房子，早一点安家落户，心中也多一份踏实。当时是 2003 年，我刚创业不久，手头资金也不是很宽裕，当时妹妹买房有困难，我想着能帮我还是要尽力去帮，想办法帮她凑齐了首付。我当时跟她说，这钱借给你或者送给你都行，你不要有顾虑，你以后经济宽裕了，有能力就还，不还也没关系。我父亲常常教导我“兄弟齐心，其利断金”，兄弟姊妹团结互助，整个家庭才会更加和睦，这种优良家风从父母那一辈传下来，到我们这一代也要好好传承下去。

全家福

家风之悟 修身立德

我 2002 年创立华业集团，从零开始，一步一步做到现在，至今已经快 20 年了。很多人问我，你的企业为什么能在短短的 20 年里做到百亿企业？我就跟他们说四句话：第一要有远见，做企业没有远见是做不长久的；第二是讲信用，如果企业不讲信用，人家不会跟你合作；第三要懂得用人，用好人才能帮助企业快速发展；第四就是懂得分钱。现在我的企业基本都把方向战略定好了，其他的安排交由专人去管理。

一开始创立华业的时候，我因为文化水平不高，也没有太多想法，当时的目标就是拥有一套自己的房子和一辆摩托车，别无他求，所以每年有几百万的业绩就已经很满足了。从 2002 年到 2009 年，六年的时间内，华业的员工从 19 人增长到了 36 人，这个规模和现在相比简直可以忽略不计。那时候的华业跟其他小建筑公司一样，只是重复地接工程、做工程，每天都在为了业务应酬奔波。渐渐地我觉得倦怠了，我开始思考一个问题：我已经有钱买房子和摩托车了，既然目标都已经达到了，那继续努力是为了什么呢？我是不是可以做一些不一样的事情？我带着困惑多次跟父亲深入交流，父亲也多次提醒我做事要有大格局大胸怀，而不仅仅为了个人的利益；也要思利及人，饮水思源，回报社会。慢慢地我的思想开始发生变化，就是要有一个长远目标，做有社会责任、能回馈社会的企业。

父亲常常教导我做人要讲信用，诚实守信是立身社会的不二法门。在经营企业的过程中，我一直秉承诚信的理念。由于我不喝酒，很多人就疑惑：你是做建筑起家的，你在应酬时不喝酒，你的业务是怎么做下来的？我说，我做生意是靠真材实料、讲信誉做出来的，是靠诚信、靠实力说话，客户才愿意选择跟我合作。我的父亲是一个很诚实、很务实的人，在这方面我受他影响很大。

我父母从小就教育我们做事之前要先学会做人。我们华业集团的核心价值观是“做事先做人、立业先立德”，长期以来，我管理企业都是秉承这个核心价值观。华业成立 20 年了，目前有 2000 多名管理人员，其中，入职 10 年以上的老员工有 30 多名，我创业开始就一直追随我的伙伴还有近 10 人。对于公司中层的提拔，我有自己的一个标准：“成了家、家庭不和睦的，无论成家还是没成家、不孝顺父母的，其他方面再优秀，也不能提拔当中层。”我认为，一个员工对家庭没有责任心，家务事都处理不好，是无法胜任公司的管理工作的。所以我们每次提拔中层干部，都必须了解清楚情况。

从小父母对我说得最多的是要勤奋学习，做一个有文化的人。企业的发展同样离不开文化，文化是一个企业的灵魂。每一个员工，都应该成为具备相应文化素质、人文素养的人。我非常重视员工个人能力的培养，希望他们能不断学习进步，主动把自己变成一个走在时代前沿的人才，不断适应市场发展的需要。20 年前，做建筑的人文化水平普遍都不高，不像今天很多建筑从业人员都有着非常高的专业资质和文化水平。我为公司员工创造了很多学习机会，公司资助高管去武汉大学、厦门大学、香港中文大学等高校学习，支持员工继续深造升级学历，还请专业的培训机构为公司员工开展专业知识讲座。同时，公司内部创办了“华业大讲堂”，让优秀的员工在他们擅长的领域与大家分享知识和经验，既给了他们一个平台发光发亮、实现自我价值，也让其他同事有机会共同学习提高。华业对员工子女的教育也很重视，专门设立了奖励金，奖励那些考取 985 名牌大学的员工子女，这是对重视孩子教育的员工家庭的肯定和鼓励。我们的员工子女也都很优秀，近几年，防城港市高考前五名的学生中就有华业集团的员工子女。小时候父母教导我要好好学习，因此，无论我是什么身份和处于什么地位，我都会坚持学习。我相信知识能改变命运，人应该养成终身学习的习惯。我希望企业员工也能树立热爱学习、常学常新的理念，不仅能将学习和日常工作结合起来，还要把这种学习氛围、学习习惯带到家庭教育中，给予孩子积极的影响，让孩子好学、乐学。

家风之力 担当奉献

一个没有责任心的人做不成事，一个没有社会担当的企业也走不长远。受父母的影响，我从小责任感就很强。现在经营企业，我要求我的员工做人做事要有责任心。我认为一个企业发展成熟了，如果不做点事情回馈社会，它也是不完美的。华业的企业精神是“开拓、创新、团结、奉献”，其中的“奉献”就是要担起社会的公益责任，服务社会、回馈社会。多年来华业集团积极担当作为，热心投身公益慈善事业，捐资建设了华业希望小学，并多次为灾区捐款捐物。

荣获“2018—2019 年度广西优秀企业家”称号

2009 年，我老家广东廉江村里的叔叔伯伯找到我，说村里的小学（廉江市高桥镇席草陂乡村小学）要重新修建。当时学校有教师 10 名，学生 230 多人，大部分学生为贫困和留守儿童。由于教育经费紧缺，校舍年久失修，原有的教室都已岌岌可危，严重威胁着师生们的安全，叔伯们找到我，问我能不能想想办法，帮帮忙。得知这个消息，我心里五味杂陈，很不是滋味。我小时候在那里上过学，那里有我很多童年美好的回忆，没想到几十年过去，学校已经如此破败。我对这个学校是很有感情的，就想着自己能帮一把就尽量帮一把。我找到村里的叔叔伯伯详细了解情况，发现修建学校远没有想象中那么简单，费用预计将近 120 万元。那时候公司刚刚走上正轨，120 万对于我们来说也是一笔不少的支出。我父亲知道后，非常支持我去做这件事。我父亲说，我们的根在那里，那里有我们的亲人，家乡的亲人遇到困难了，我们不能不帮。我很理解父亲对家乡深厚的感情，其实我也一样。早年父亲出去当兵，家族里的叔叔伯伯们对我们一家还是颇多照应的，我很感激他们，所以每年我们回老家，都去看望他们，请他们吃饭。父亲一生老实忠厚，为人和善，我深受他影响，只要自己能力范围内的，我都乐于去帮助他人。后来公司就想办法解决发展资金的问题，捐资 120 万元修建校舍。两栋教学楼于 2011 年 11 月 12 日竣工落成，校园配套设施交付使用，解决该校的教学用房困难，公司还添置了一批电教设备及体育健身用具，为广大师生创造了良好的学习生活环境。从 2009 年开始筹建，到 2011 年新学校建成，前后共用了两年时间。学校发展到现在，不管是硬件方面，还是软件方面，都是比较好的。学校修建好之后，改名叫华业希望小学。在校园里我们题了几个字，叫作“习文修德、唯勤务实”，意思是我们不但要学习文化知识，还要加强品德修养，既要树立高远志向，也要脚踏实地，辛勤耕耘，以此激励华业希望小学的学子努力好学、成长成才。我确实也是受到父母或者说是家风的影响，也希望孩子们能把这种美德传承下去并发扬光大。现在每年我们都会组织爱心代表团前往华业希望小学开展慰问活动，我想要这样的希望之火能够代代相传，一直延续。

为了更好地回馈社会，2011 年，我们公司成立了“华业爱心基金会”专项基金，用于公益慈善活动，并奖励优秀的教师和贫困、优秀的学子。我们希望孩子们能好好读书，以后走向社会。如果发展得好，有能力了，也能回报社会。华业的公益步子迈得很大：看望慰问贫困孤儿、孤寡老人，赞助各种文艺演出活动，赞助孤儿题材公益电影《宝贝别哭》，捐资参加“让温暖一起回家”公益活动，与市政协在华业城成立了防城港市政协书画院创作基地。2014 年，华业为那梭镇平木村“十姐妹”捐赠创业启动资金 10 万元，帮助乡镇企业发展。2018 年捐赠 40 万元建设防城区那梭镇滩浪村农产品批发市场及电商服务中心大楼，带动村民早日脱贫致富。2019 年捐赠 6.5 万元，资助那良镇和滩营乡，给贫困家庭改造住房，帮助改善贫困农户的生活和住宿环境。2018—2019 年期间，华业向广西大学捐赠奖学金 100 万元，用于奖励土木建筑工程学院、商学院、外国语学院的优秀学子。2019 年向广西建设职业技术学院捐赠华业育才及教学改革创新基金 100 万元。2020 年，面对突如其来的新冠肺炎疫情，华业利用自身建筑专业优势，仅用 10 天就完成了防城港版“小汤山医院”（防城港市第一人民医院传染性疾病科应急负压病房）设计施工任务；同时先后向防城港市红十字会及相关单位捐款捐物价值 42 万元，向防城港团市委、防城港市教育局等 14 个单位捐赠价值十几万元的防护物资和食品，免除华业汽车产业园 20 多户商家两个月租金合计 30 多万元。华业成立至今，累计捐款达到了 1200 多万元。华业也是通过这样的方式，不断履行社会责任，积极反哺社会。

家风之光 行稳致远

我有着将华业集团做成百年企业的愿望。俗话说得好，创业容易守业难，守业讲求一个“稳”字。孔子说：“知者不惑，仁者不忧，勇者不惧。”意思是有智慧的人不会疑惑，有仁爱心的人不会忧愁，勇敢的人不会产生害怕的心理。我们做企业当然需要勇敢进取，这是企业家精神的明显标志。但是，要带领企业不断前进，无论顺境逆境都能够持续发展，光有“拼命三郎”的精神是不够的，还必须有审时度势的大智慧和关爱员工、服务社会的仁爱之心。我经营企业心态比较好，一切顺其自然，并不一味地追求发展的速度、规模，而是追求走得稳、走得远，这种乐观的心态可能受家庭影响。我的老父亲现年 80 多岁了，每天都骑着自行车出去买菜，精神状态很好，每天乐呵呵的。2013 年的时候，我遭遇了车祸，两条腿受伤很严重，有瘫痪的风险，前后做了三次手术，当时身边的人都担心我会残废，但是他们谁也没想到我不但痊愈了，而且恢复得很快很好。所以他们经常跟我说，你大难不死，必有后福。我跟他们说，大难不死是真的，有没有后福我还不知道，不过现在十几年过去了，一切都发展得不错。当年动手术的时候，医生说你起码要三四个月后才能走，我说我肯定不用，我每天坚持做康复训练，一个月后就慢慢恢复，可以下床走路了。我能恢复得那么好那么快，与家人无微不至的关心和照顾是分不开的。公司的事情，有弟弟在打理；我的父母、妻子，每日炖甲鱼、猪骨等营养品给我补身子；另外一方面，得益于我依靠自己的毅力、韧劲坚持日复一日做康复训练。

我的父母

经历了一些风波，我处事越发淡然了，思考却愈加深刻。这么多年经营企业，我总结出的心得体会就是埋头苦干、学习提升和实践感悟。埋头苦干，事业是一点点干出来的；学习提升，你可以拒绝学习，但你的对手不会，避免被淘汰的唯一途径就是不断学习；实践感悟，读书是学习，使用也是学习，而且是更重要的学习。“学而不思则罔，思而不学则殆”，学思并重、知行合一，才能不断提升。还有就是要懂得变通，《周易》中说：“穷则变，变则通，通则久。”天地间的一切事情随时随地都在变化，跟我们一样；我们的生理、思想、情感也是随时随地变化着的。市场经济环境是在不断变化的，在变化幅度较为缓和的时候，市场比较稳定，企业大多发展平稳；在固定的业务模式和市场氛围中待久了，不仅会失去危机意识，也会模糊了对未来的规划，以致抗风险能力较弱。新冠肺炎疫情大暴发、大流行，对全世界来说都是一个极大的变数。这是一个强有力的外因，引起了市场经济环境的剧烈变化，各个行业都产生了强烈震荡。但是，内因才是事物发展的源泉，才能决定事物的性质和发展方向。面对同样的灾难，为什么有的企业在崩溃的边缘苦苦挣扎甚至破产了，而有的企业却能平稳前行甚至稳中有进？这就是懂不懂得“变通”的问题。“变通”其实就是在恰当的时候做出正确的选择，选择错了，越努力越崩溃。人这一辈子最重要的选择有三个：选对老师，智慧一生；选对伴侣，幸福一生；选对圈子，成就一生。学会变通，前提是学，学习知识、学习开阔眼界和放大格局等。变化是绝对的，不变是相对的，我们只有主动求变、善于应变，才能兴旺不变、长盛不变。

我和家人

家风之美 源远流长

除了我父母，我最想感谢的就是我的妻子，我的妻子是一个非常有大爱、有着优良传统美德的人。1990 年刚认识我妻子时，我还比较穷，那时刚刚来到防城港市，我在一家宾馆住，她在宾馆前台做收银员，一来二去接触多了，慢慢产生了感情，我们是自由恋爱的。当时她家地处城乡接合部，家庭条件比较好，而我来自农村，条件比她差，但她没有嫌弃我，多年来一直陪伴我左右，也吃了不少苦，包括 2013 年我不幸遭遇车祸，她也不离不弃，可以说不论是在事业上还是家庭中都给我很多的支持和帮助。我的“第一桶金”是在她叔叔的帮助下成功赚到的，我很感激她，也很珍惜她，我们夫妻和睦，家庭幸福。我的妻子是料理家务的一把好手，大大小小、里里外外打理得井井有条。她很擅长处理家庭关系，婆媳关系、姑嫂关系、妯娌关系都处理得很好。逢年过节、走亲访友、准备礼品等，一切都安排得妥妥帖帖，家里老人小孩、亲朋好友都对她赞不绝口。所以家里的事情基本不用我操心，我就安心地在外面拼事业。一方面，我的妻子确实是为家庭付出很多；另一方面，我和我妻子也受到我父母的影响，因为我的家庭教育就是要兄弟和睦、夫妻恩爱，我们以父母为榜样，学习到不少经营婚姻家庭的智慧。比如我们经过这么多年的磨合，学会尊重对方、理解和包容对方，遇事多商量，基本上我主外、她主内，夫唱妇随，夫妻和睦。

我的家人们

我希望优良的家风能一代代传承下去，所以在教育子女的过程中我非常重视对他们的品行教育，就是我父亲常常教导我的“做事先做人、立业先立德”。目前来看，我的几个孩子都还不错，他们虽不是出类拔萃，但至少没让我操太多心，没惹太大麻烦。他们乐观自信、勤奋好学、低调务实，我还是感觉很欣慰的。虽然家里的条件不错，但从小给他们灌输的就是要勤俭节约，给他们提供的物质条件和普通孩子没什么两样，所以他们也没有养成奢靡浪费的不正之风，相反，他们都很低调务实。我的大女儿，出去工作几年了，我说给她买一辆新车，但是油费得自己出。她拒绝了，说自己平时用车的地方不多，实在没必要买新车，偶尔开妈妈用的旧车应应急就行了。我的小儿子上初中，在学校里面，没人知道他是有钱人的孩子，因为我们要求很严，一个星期按规定给零花钱，但他从来不乱用。他还跟我们说，不要开好车接送他，因为不愿意在同学中显得高调和与众不同。有同学问他家里有什么车，他还开玩笑说我家里很多拖拉机，因为我们做建筑工程，确实拖拉机比较多。我平时工作比较忙，大多数时间是我妻子在照顾他们的学习和生活起居，但孩子们人生重要的转折点或者说关键阶段，我作为父亲是从来没有缺席的。我的大儿子今年高考，那段时间，我放下手头的工作专心陪伴他。我跟他说，你不要有压力，无论考得怎样，你尽力就好，你想学艺术，我尊重你的选择。高考只是你生命中的一小段旅程，未来的路还很长，要靠你自己走下去。成绩固然重要，但更重要的是你要懂得怎样做人，懂得如何尽自己的努力去实现你自己的目标。我认为，父母不只是为孩子创造好的物质生活条件，更要在他们的人生道路上当好他们的引路人、指路明灯，在人生关键节点，能够给予他们信心和鼓励，让他们有底气、有勇气坚持自己正确的选择。

相亲相爱一家人

我感觉在一个人的成长过程中，家庭教育是一个引子，是引导你走上正轨的重要环节。在人生起步阶段，如果你缺少良好的家庭教育，就很难找到指路明灯，容易迷失方向；如果你有良好的家庭教育，就很容易找准方向，获得好的发展。从家庭教育中汲取营养，并且在成长的过程中不断进行个人品德塑造，长大成人才能很好地适应社会。古人云：知行合一。道理谁都听得懂，但并不代表你能做得到，或者能做得很好，所以还是要去实践。比如说对父母长辈的孝心，平时对你父母亲都不闻不问，光嘴上讲孝敬父母是没用的，要有实际行动，应该多陪陪父母亲。父母有病有痛，要经常问候、悉心照料，不是说给他们钱就能解决问题。物质上再丰富，父母感受不到你实实在在的关心，体会不到真正的温暖，他们的内心是很不踏实的。对于一个普通人来讲，责任感首先体现在对家庭、对家人，一个人对家庭有强烈的责任感，将来走进社会，才会有社会责任感，才会成长为一个对社会有用的人。当初我们选择做教育基金是自发的行动，而且一直在坚持，今年是第 11 年了。我们常常说，做一件好事并不难，但数十年如一日坚持做好事就非常不容易。因为一个企业的经济效益今天好，不等于明天一定也好，总是有波动起伏的，有时候可能你一整年都亏损的情况也是存在的，但是我们不管企业是否亏损，都要坚持做社会公益，这个是很不容易的。

我与父母合照

最后，不管是受到父母家庭教育的影响或者说家风的影响，关键是自己在社会立足之后要有自己的思考和感悟，比如说我们从朋友的身上学到的东西、我们经营企业积累的经验，等等。我常常讲“做事先做人、立业先立德”，企业管理中层以上的干部必须是有爱心、有孝心的人。这就是我们从家庭教育中总结出来的智慧，延伸到企业管理中去，融入到企业文化建设中，进而演变成企业的一种育人理念。经过这么多年，我对“修身、齐家、治国、平天下”这句话的感悟也更加深刻了。还有一句话我体会得比较深刻，那就是“性相近，习相远”，你是怎样的人，你身边的人会受你影响发生变化。我们公司的员工在我的影响下，会慢慢地把在企业感受到的中华优秀传统美德、优良作风带到家里去。比如他们在工作中，看到我们这个家族企业是两兄弟在做，而且能做得这么好，就是兄弟团结，互帮互助，他们就会受影响、受启发，回到家他就会把孝敬父母、兄弟团结、夫妻和睦做得更好，进一步将这种正能量传递给家人。同时他们也会把个人家庭中美好的品德、优良的家风带到企业中来，运用到工作当中。这样，优良的家风和好的企业文化相互影响、良性循环，我们的企业员工也在这种积极向上的氛围中认真工作、幸福生活。

总结来说，家风就是每个家庭成员在成长过程中所受到的家庭教育和家庭氛围的影响，是家庭给每个成员为人处世树立的价值准则。我的心愿就是在经营好企业的同时，让好的企业文化影响到员工甚至他们的家人，让良好的家教、家风在员工心中落地生根、代代传承！

采访感言录

本书采访组

1. 晋利：

梁伯强先生是香港聚龙集团董事长，非常小器•指甲钳创始人，香港井田商学院、师兄在线创办人。知道梁先生亦商亦学，平时很忙，不知道什么时候联系梁先生既不打扰还能被看到。所以，开始接触的时候还是会忐忑不安。但是，后来我发现我的一切担忧、焦虑都是多余的。梁伯强先生为人随和，给他发了信息表明来意之后，梁先生很快回复了信息，让人心里顿时踏实很多。

梁先生一直非常谦虚低调，强调自己其实非常普通，就是一个普通人家的普通孩子。可是，明明就不是啊！2021 年 5 月，我下班回到家之后，再次拨通了梁先生的电话，再次表明希望采访他的来意后，没想到梁先生说，那好吧，要不就今晚吧！他的干脆完全出乎我的意料，反而感觉是我还没准备好。这可能就是企业家的作风吧，雷厉风行，说干就干！

三个多小时的线上访谈，气氛甚是融洽，让人感觉意犹未尽。梁先生温文尔雅，整个采访过程轻松和谐，恰似梁先生原生家庭的氛围一样，父母宽厚仁爱，友善接纳；子女博爱孝德，乐善不倦。孩子就是一面镜子，照出父母的人生。梁先生的父亲从不责备、打骂孩子，什么是对的，什么是错的，他们身教重于言传，用自己的实际行动给孩子们树立榜样。这种温和的教养方式，让三兄妹的家庭都温暖和谐，孩子们健康成长。看着梁先生兄妹各个家庭温馨和睦的家庭照，这难道不是我们最羡慕的家庭、最羡慕的家庭氛围吗？学习了！我相信也会让更多人受益。

2. 李珊红：

我的采访对象是李文良董事长。在文良董事长的公司里，员工都尊称他为学长，我入乡随俗。初见文良学长是在一家素食餐厅，慈眉善目、衣着朴素的他在我面前落座，旁边跟着两位年轻的小伙子，穿着工厂的制服，同样朴素。

采访中，亲切随和的文良学长在谈及母亲的时候潸然泪下，几次哽咽无法继续；谈到父亲严厉和固执的时候，眼里充满了自豪；谈及自己创业的艰辛时，除了感慨，分明还有对逆境的感恩；谈到传承传统文化的成就时，他仿佛又变成了踌躇满志的青年。一个小时的采访，于我而言是一种震撼，更是一种启迪。

我以为当日的采访工作告一段落。文良学长的助理有一天突然来电，他说学长担心当时的采访太匆忙，恐对我帮助不大，于是专门为我做一次直播采访，我喜出望外。直播过程中，文良学长再次对采访提纲中的内容进行了逐一解答，直播也引来了包括公司员工等外界朋友的聆听。那一天，我更加明白了采访文良学长的意义远不止于字里行间，他对待朋友的真诚、对待工作的一丝不苟深深折服了我。

自那以后，我很荣幸成为文良学长的朋友。他是一位真正践行传统文化的传播者，每每有主题活动，都会邀请我参加，皆因地域和工作的关系，无法前往，只能通过直播观看。去年，受文良学长盛情邀请参加了其公子的婚礼，全中式的婚礼形式，全素的喜宴，文良学长无时无刻不在用自己的行动诠释对传统文化的传承。

岁月的磨砺是生命的另一种馈赠，如今已是优秀的企业家的文良学长说“生命不息，努力不止”，衷心祝愿他将来的道路更加熠熠闪光。

3. 张海媛：

在与龙先生这样的成功企业家“对话”之前，我心里还是有些许忐忑，龙先生却爽快地约定了采访时间，他的支持与配合让我吃了“定心丸”。正式采访是通过线上进行的，“很守时、做事有安排”，这是我对这位“老总”的第一印象。聆听龙先生讲述他的家教家风故事，这些故事深深打动着我。比如，他回忆起上小学时父亲送给他的一支钢笔，他细致描绘着收到礼物时的欣喜和不慎遗失之后的失落与惋惜，是对礼物的珍视，更是对父亲深沉的爱，谨记父亲要勤奋学习的教导。再比如，母亲的善良孝顺让他勇敢坚强，让他很早便懂得责任与担当。他至今仍能清晰回想起小时候，有一次半夜奶奶突发疾病，妈妈背着奶奶赶路时瘦弱的背影。在谈到自己的爱人和孩子时，龙先生轻松愉悦的语调间透露着对家人的关切和热爱。

在交流过程中，我仿佛上了一堂鲜活生动的家教家风课，沉浸式的采访甚至超出了约定时间，我感到抱歉，龙先生宽慰我，说这是一次很愉快的交谈。在文稿修改过程中，龙先生不厌其烦地修改和更正信息，并细心地用红色字体标注修改的地方。龙先生表现出的谦逊有礼、平易近人、耐心细致正是良好家风最真实的写照。我想，像龙先生这样充满家国情怀和社会责任感，又注重家庭、家风、家庭建设的企业家，一定能经营好企业！

4. 邝子文：

家风是一个家庭的情感纽带，是家教的重要体现，也是一个家族的立身之本。优秀的家风家训具有潜移默化、深远持久的影响。“积善之家，必有余庆；积不善之家，必有余殃”，家风的好坏，难免会影响子孙后代。

在参与《新儒商家风》丛书采访和编辑的活动中，我采访的是顶固集创家居创始人林新达董事长。虽然谋面只有短短120分钟，我深刻感受到家风是支撑企业家成长和企业发展的重要道德力量，优良的“家风”，是中国企业家至善至美的智慧追求。林新达董事长的务实、严谨和事业心，以及对社会的贡献已经深深定格在我的心里。他秉承了老一辈一心为公、恪尽职守，勤勉敬业，爱心持家，言传身教，传承孝道，守护初心，报效桑梓的优良家风。特别是林新达董事长对社会的责任心，在企业发展壮大之后，不断投入各种慈善事业，回报大众，回报社会。对内创立员工互助互惠的爱心基金，对外有传递爱心、点亮偏远地区孩童上学之路的“手拉手”爱心基金，无论在内还是在外，企业都在践行感恩和爱心文化。

由此观之，家风家训的重要性。好的家风家训是中华五千年文化的缩影，是中华美德最现实的传承。每个人、每个家庭都应为建设好家风共同努力，携手并进！

5. 赵文玲：

2021 年，我非常有幸加入了《新儒商家风》丛书编写团队，认识了山东珑巨文化传播有限公司的董事长左振声先生，在与左董事长半年多的交流和沟通中，我认识到了家风建设的重要性。

左董事长认为：家风就是一种无言的教育、无字的典籍、无声的力量，是对每个人最基本、最直接、最经常的教育。他从爷爷、父亲、母亲的具体事例中阐述着他们朴实的家风是“要想公道，打个颠倒”“亲的远不得”“能吃苦、有担当”“吃亏是福”……“自天子以至于庶人，壹是皆以修身为本”，左董事长认为家风家训的根本基石就是“修身”，正所谓古人所云：“修身、齐家、治国、平天下”。

在与左董事长的交流中，我认识到良好的家风在人们成长过程中起着关键作用，是人们终身的财富，是国家发展、民族进步、社会和谐、人们幸福的重要基点。无论时代发生多大变化，无论生活格局发生多大变化，我们都要重视家风建设，建设好自己的小家，不仅有利于家庭成员的健康幸福，也有利于社会大家庭的和谐进步，是人们实现美好生活的精神根源。

6. 洪雅：

我的采访对象是广东翔蓝企业管理顾问有限公司总经理、首席经营顾问周南征先生。他 1989 年从中山大学毕业后在国内工作。1996 年从日本北海道大学经营管理修士毕业，进入日本 S.T.M. 集团。通过对周总的采访，让我印象深刻的是以下几点：

一、明确的目标梦想

周总有着极为明确的目标感。周总在读书时期就对自己有很高的要求，成绩一直名列前茅。他工作后也清楚地知道自己想要的是什么。他能够在最大限度内运用自己的技能、天赋、精力和知识。他去日本留学期间，跨专业选择了管理学，体现出他不会轻易地被别人的想法和观点所左右。在和周总的谈话之中，他就着重提到每个人要在各个阶段都制定一个小目标，这样才会在人生的道路上不至于迷失了方向。

二、健康积极的心态

周总一直拥有良好的心态，永不气馁。周总小时候生活非常困苦，但是心态很乐观。从他的讲述中得知他小时候家附近的农场种了很多的甘蔗，每天农场都会用车把甘蔗拉到糖厂去卖，车拉甘蔗一般都是半夜做的，结果马路上会有一些从车上掉下来的甘蔗，他早上上学时就把甘蔗捡起来，藏到山里头，放学之后开心地把甘蔗拿回家去跟父母分享。

三、良好的家风家训

中华民族素有“礼仪之邦”之称，向来重视家教。周总的外婆、母亲、妻子用言传身教、谆谆教诲的方式成就他的个人品质，父亲、舅舅、哥哥用以身作则、潜移默化的方式指导着他前行，是明灯亦是铜镜。

7. 周晨阳：

很荣幸能加入到《新儒商家风》丛书编写工作，在当前国家越来越重视弘扬中华优秀传统文化、致力于把其丰富涵养与教育无缝连接的今天，我深感意义重大，使命光荣。而这一年与企业家的沟通交流更是让我受益匪浅。

根据安排，我采访的对象是青海五三六九生态牧业科技有限公司董事长金锦伟。我非常珍惜这次采访的机会，在未接触到金董事长之前，我做了很多的准备工作，包括撰写采访提纲、搜集资料、对接访谈时间等。第一次采访时，我心里很紧张，生怕自己说错话、问错问题，但是真正开始聊天时，我发现金董事长非常热心、踏实，为人处世也很谦逊，打消了我内心的顾虑。

在整理录音过程中，我发现他的故事非常精彩，饱含着丰富的情感，寄托着对父母的思念，从一个穷山沟里的孩子到公司董事长，这一步步看似平凡又不平凡。我们都知道父母是孩子的第一任老师，他在事业上的认真踏实，离不开父母的言传身教；他不同于常人的眼界和前瞻性，也离不开他自小的生长环境和生活经历。我深深体会到作为一名创业者需要有理想、有情怀、有责任、有担当；作为儿子、父亲、丈夫，还需要承担更多家庭角色和家风文化的传承。

家是最小国，国是千万家。家事连着国事，家风连着国风。这些优秀企业家的家风传承，是他们用自己的力量，为时代留声，为正道轰响。有爱，才能点亮自己的人生；感恩，才能创造事业的辉煌。

8. 陈丹玉：

“好家风塑造幸福人生。”为讲好家风故事，以好家风促好民风，博鳌儒商论坛理事会与北京健坤慈善基金会携手，全力资助开展了《新儒商家风》系列丛书的编写工作，我有幸参与其中，是一次令人难忘的体验。在过去的一年，聆听心和塾塾长、心和儒商书院院长孙键的家风故事，对话孙键先生的家风建设感悟，让我获益匪浅！

令我惊讶的是，孙键先生早已十分到位地总结了家风建设，说起自己的家风故事亦是娓娓道来。回忆起对孙键先生家风故事的采访，孙键先生知无不言，十分配合，段段家风故事仿佛一帧帧画面，简单却又真实温馨。正是严厉却又无言深沉的父爱和温柔却又坚定的母爱助推孙键不断向前，不断进步，让我也感动不已。

家，是人生开始的地方。家风，影响着一个人的品质和行为，更影响着一个家族的兴衰荣辱。好的家风，可以指引每个家庭成员拥有共同的目标、共同的方向，积极向前，创造更美满的家庭与持久的事业。

通过此次参与《新儒商家风》丛书编写，我以记录者和聆听者的身份传承着好家风中先辈对后代的希冀与诫勉，再次感谢孙键先生为我们树立了好家风的典范以及对我们工作的支持，感谢北京健坤慈善基金会为我们提供了此次学习的体验，亦感谢整个系列的家风丛书编写团队老师的耐心指导和帮助！

新儒商家风（中册）

9. 吴佳敏：

2021 年 3 月，我拨通了于建环董事长的电话。记忆犹新，仿如昨日，距离两千多公里，一个电话开启了家风口述之旅。

于建环是山东烟台金鹏矿业集团公司董事长，是一个有大爱和有大智慧的女侠。对于董事长，我充满敬仰和好奇，经营一个公司不易，其努力的背后定有家庭的影响。后来加了于董事长的微信，每天一个早晨问候，像朋友一样。时常在她发的朋友圈里看到她的身影，一点一滴，帮助我对她的生活和工作有更多的了解。我从这次家风采访活动中受益匪浅，从于董事长的人生哲学中获得启发。最重要的是，做公益是快乐的，能将于董事长的优秀家风故事写出来，编辑成册，为社会做一点贡献，是人生一大快乐源泉。

撰写工作多是在夜深人静时完成的。无数次在别人的家风故事里涌现对自己家人的思念，无数次写着写着停下笔来，久久地沉浸在对已逝的人和时光的追忆。思念的感觉是忧伤的，底色却是美好和感恩的。家，是每个人的心灵加油站，无论何时何地，在你需要能量的时候及时给予补充。所以，感恩家风采访活动，从搜集资料、采访到整理资料、撰写，我也不断得到家的能量补给和爱的浸养。

于董事长说家风就是她人生路上的明灯，一盏一盏指引和照亮她人生路的一段又一段，感谢于董事长的启发，以及日理万机中的抽空配合和支持，这次家风口述公益活动才得以圆满完成。也感谢我的曾祖母、祖父母和我依然健在的父母，我永远感恩你们给予的爱和教养，我会做更好的、对社会和国家有用的人。

10. 轩阁：

确定王锦锋董事长为我的采访对象后，我立刻开始着手两项工作：一是与王董进行电话沟通，并互加微信，初步建立联系；二是仔细阅读项目负责老师提供的参考书目，从中学习相关访谈文章的撰写技巧。

在随后的时间里，我一边与王董保持日常微信聊天和短信联系，建立初步的熟悉和信任，一边通过互联网搜索相关信息，从过往的新闻报道和人物访谈中了解王董的企业属性、企业文化和创业历程，为后续交流增添更多的话题和默契。

与此同时，我也在构思采访内容，斟酌采访提纲，鉴于王董本人从事人文气息相当浓厚的馆藏和文娱行业，钟爱传统文化，我便以相关方面为切入点设计采访问题，争取让王董“有话可说、有话想说”。为免采访过程乏味、内容不合时宜，在采访提纲确定后，我把它发给王董过目，请其酌情增删，最终形成了十余条问题，并随之确定了正式的采访时间。

由于疫情原因，采访通过微信视频通话的方式进行，我提前准备好笔记本电脑、录音设备并调试妥当，利用一个上午完成了采访，其间王董谈兴甚浓，对于适时新增的一些问题也进行了详细回答。

采访完成后，我开始撰写文章，由“家风”这一主题可见，书刊侧重家族、情感、传承方面，是严肃而厚重的，因此我的整体行文偏重于风格平易、文字简练。初稿完成后我立即发给王董审阅，他也认真提出修改意见，此后在专家老师的多次耐心指导下，我反复修改，最终顺利完成了相关工作。感谢王董，感谢博鳌儒商论坛理事会与北京健坤慈善基金会为我提供了学习和弘扬中华家风文化的机会！